FOTO GUIDE

F.L.Porter – Canon EOS 5

FOTO-GUIDE

F. L. Porter

Canon EOS5

Autor und Verlag haben sich bemüht, die vielfältigen Funktionen der EOS 5 in all ihren Varianten und Auswirkungen korrekt
wiederzugeben und zu interpretieren. Trotzdem sind bei aller
Akribie Fehler nicht völlig auszuschließen. Wir sind unseren
Lesern deshalb stets dankbar für konstruktive Hinweise. Eine
Haftung des Autors bzw. des Verlags für Personen-, Sach-
und Vermögensschäden ist ausgeschlossen.

©1993 by vfv Verlag für Foto,Film und Video, 8031 Gilching
Alle Rechte vorbehalten
Printed in Germany

ISBN 3-88955-062-2

Inhaltsverzeichnis

Vorwort

Ich weiß nicht, ob Sie jene englischsprachigen Romane aus der Zeit des Kalten Krieges kennen, in denen klitzeklein beschrieben wurde, wie es einer der Supermächte gelungen war, einen Düsenjäger zu entwickeln, der – über den Pilotenhelm – allein durch die »Gedankenarbeit« des Piloten gesteuert wurde. Nun, wir scheinen auf dem besten Wege dahin, wenngleich sich die Prioritäten inzwischen glücklicherweise ein wenig verschoben haben. Noch steuern wir keine Düsenjäger, sondern zunächst einmal unsere Kameras – wenngleich auch noch nicht ganz »telepathisch«, sondern erst einmal mit den Augen. Immerhin, für die erste Lektion in Science Fiction reicht's sicher, oder?

Bei Drucklegung ist die EOS 5 noch die erste Kamera, die sich eine solche, absolut futuristisch anmutende Technik zunutze macht. Wieder einmal ist Canon vorgeprescht und hat neue Wege beschritten. Inwieweit diese neue Technik allerdings von der Welt der Fotografen angenommen wird, steht auf einem anderen Blatt. Technik-Freaks werden sich zweifellos dafür begeistern.

Auf jeden Fall ist sie Realtität, die einäugige Spiegelreflexkamera mit augengesteuerter Scharfeinstellung. Und für diese Funktion wird die EOS 5 zweifellos in die Kamerageschichte eingehen.

Aufgabe dieses Buches ist es, Ihnen die EOS 5 fachlich sauber und leichtverständlich näherzubringen. Denn so vollgestopft mit Funktionen ist die EOS 5, daß allein diese Vielfalt eine recht intensive Beschäftigung mit ihrer Bedienung erfordert. Unklarheiten, Entstellungen und Silbenrätsel können Sie sich dabei nicht leisten. Die Thematik allein verlangt nach Klarheit, sauberer Logik und vernünftiger Darstellung. All dies sollen Sie auf den folgenden Seiten finden.

F.L. Porter

Die Technik der EOS 5

Ich begrüße Sie als »Nutzer« der EOS 5, um im Canon-Jargon zu bleiben. Ohne jeden Zweifel bietet Ihnen diese Kamera eine solche Fülle von Funktionen, daß Sie sich wahrscheinlich anstrengen müssen, um diesem Angebot Ehre zu machen. Und alles ist »eingebaut«, nichts brauchen Sie dazuzukaufen, getrennt mitzuschleppen und hinein- oder herauszufummeln. Man kann getrost von einem »Komplettangebot« sprechen.

Die EOS 5 ist die erste SLR der Welt mit augengesteuerter Scharfeinstellung -- und Abblendung! Dabei ist sie eine der leisesten Reflexkameras überhaupt, so leise, wie man es bisher nicht für möglich hielt.

Die Kamera ist sehr hoch angesiedelt im Canon-Programm, nämlich gleich unter der EOS-1. In etwas krassem Gegensatz zu diesem Platz in der EOS-Hierarchie steht allerdings die »Verpackung«: Das Kameragehäuse wirkt als billiges Plastikkästchen, das partout nicht den Eindruck hoher Präzision, Verarbeitungsqualität und Dauerhaftigkeit vermitteln will. So kann die EOS 5 keinen Anspruch auf Profi-Tauglichkeit erheben. Hierzu tragen auch zwei weitere Überlegungen bei: Einmal muß der Profi erst noch von der Nützlichkeit der augengesteuerten Scharfeinstellung überzeugt werden (wenngleich die Kamera natürlich auch das Arbeiten nur mit dem zentralen AF-Meßfeld gestattet), und zum anderen entspricht die mit 16 Meßsektoren fein differenzierte Mehrfeldmessung durch die strenge Verknüpfung mit dem gleichermaßen fein differenzierten AF-System reinem Amateur– denken. Denn der Profi wird es gewiß nicht unbedingt schätzen, daß die Kamera die Belichtung nun speziell auf jenes Detail abstimmt, auf das er die Schärfe legt oder das er ersatzweise zur Fokussierung heranzieht. Wobei man natürlich wieder argu-

Die AF-Meßfelder sind auch einzeln schaltbar

mentieren könnte, daß die EOS 5 ja auch mittenbetonte und Spotmessung gestattet. Doch dabei übersieht man, daß eine wirklich gute Mehrfeldmessung auch für den professionellen Einsatz unschätzbare Vorteile bieten kann. Warum also sollte der Profi grundsätzlich auf sie verzichten?

So spricht die EOS 5 primär den angagierten Amateur an, solange sich dieser nicht vom ihrem »Plastikgefühl« abhalten läßt. Ihre optische Ausstattung – das umfangreiche Programm an EF-Objektiven und optischen Spezialitäten – sowie weiteres Systemzubehör läßt kaum Wünsche offen, und hier zieht sie selbst mit der Spitzenkamera EOS-1 gleich.

Optisch läßt die EOS 5 keine Wünsche offen

Bedauerlicherweise stehen nur wenige bis gar keine technischen Hintergrundinformationen über die EOS 5 zur Verfügung. Canon hüllt sich in tiefes Schweigen, und so bleibt uns nichts anderes übrig als eine sachkundige Interpretation des teilweise nur Angedeuteten oder durch Rückschlüsse Erfaßbaren.

Bedienungs- und Anzeigeelemente

Wir wollen es nicht mit einer bloßen Nennung der einzelnen Teilebezeichnungen bewenden lassen, sondern die Teile bzw. Bedienungselemente getrennt unter die Lupe nehmen, um auf diese Weise die Kamera zunächst genau kennenzulernen und für später die Möglichkeit jederzeitigen schnellen Nachschlagens zu schaffen. Der leichteren Identifizierung wegen finden dieselben Kennziffern Verwendung wie in der Kurzbeschreibung.

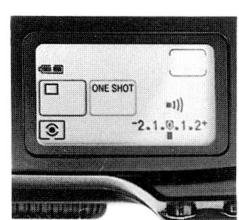

LCD-Monitor

(1) LCD-Monitor. Dieses große Anzeigefeld auf der rechten Oberseite der Kamera ist gewissermaßen die »Informationszentrale«, die allerdings durch eine zweite im Sucher ergänzt wird. LCD steht dabei für »Liquid Crystal Display«, entsprechend dem deutschen »Flüssigkristallanzeige«. Eine Erläuterung der verschiedenen Symbole und Anzeigedaten finden Sie im Anschluß an dieses Kapitel.

Selbstauslösertaste

(2) Selbstauslösertaste. Ein Druck auf diese Taste führt (bei eingeschalteter Kamera) zur Aktivierung der Selbstauslöserfunktion. Wenn Sie dann auf den Auslöser drücken (und die Kamera auf augengesteuerten AF geschaltet ist) passiert – rein gar nichts. Denn in diesem Fall startet der Selbstauslöser nur, wenn sich das Auge am Okular befindet.

Der Ablauf des Selbstauslösers kann durch erneuten Druck auf die Taste jederzeit abgebrochen werden (nicht *unter*brochen, wie Canon sagt). Nach der oder den Selbstauslöseraufnahmen muß die Funktion wiederum durch Druck auf die Taste gelöscht (oder die Kamera abgeschaltet) werden.

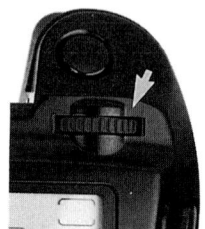

(3) Einstellrad. Das Einstellrad ist das zentrale Bedienungselement der EOS 5. Es ist wesentlich leichter und angenehmer zu bedienen als zum Beispiel ein Schieber. Dabei steuert es durch geschickte Schaltung der Elektronik eine Vielzahl verschiedener Funktionen. Die Umschaltung auf die jeweilige Funktion erfolgt automatisch mit der Wahl des Betriebsprogramms. Mit anderen Worten, das Einstellrad multipliziert sich

Einstellrad

gewissermaßen, und aus einem einzigen Bedienungselement werden viele, sämtlich am selben Ort und mit gleicher Leichtigkeit zu bedienen. Denn je nachdem, welches Betriebsprogramm Sie gewählt haben, steuert das Einstellrad die entsprechende veränderliche Komponente. Zusätzliche Funktionen werden durch das Zusammenwirken mit verschiedenen Tasten erschlossen.

(4) Der Zweistufenauslöser. Nach dem Einschalten der Kamera führt ein leichter Druck (das sogenannte Antippen) des Auslösers zur Einschaltung der Betriebssysteme. Dazu zählt nicht nur die Belichtungsregelung, sondern auch die automatische Fokussierung. Am Druckpunkt werden Belichtung und Scharfeinstellung (bei Einstellung auf Schärfenpriorität [One Shot]) gespeichert. Auf geringfügig stärkeren Druck wird die Belichtung eingeleitet. Der Druckpunkt ist relativ schwach, so daß Sie ein wenig üben sollten, damit Sie nicht ungewollt vom Antippen in die Auslösung rutschen.

(5) Handgriff und Batteriefach. Ohne einen solchen Handgriff, der die Haltung ungemein verbessert, ist eine moderne Kamera gar nicht mehr denkbar. Dabei kam er den Konstrukteuren als Geschenk des Himmels, denn er schuf den dringend benötigten Platz für die Unterbringung der noch immer ziemlich großen Spannungsquelle.

Handgriff und Batteriefach

6) **Batteriefachverriegelung.** Ein aufklappbarer Knebel verriegelt den Batteriefachdeckel – eine saubere, praktische Lösung, wie sie sich schon in der Canon T90 fand. Damit entfällt jede Fummelei mit einer Münze, wie sie meist zum Öffnen von Batteriefachdeckeln erforderlich ist.

(7) AF-Hilfsilluminator und Selbstauslöser-LED. Ein sehr nützliches Ausstattungsdetail ist diese Leuchtdiode, denn sie unterstützt bei schwacher Beleuchtung oder strukturarmen Details die automatische Scharfeinstellung, indem sie das mit

AF-Hilfsilluminator

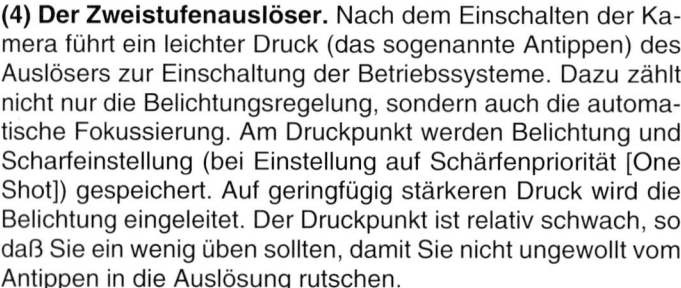

1 LCD-Monitor
2 Selbstauslösertaste
3 Einstellrad
4 Zweistufenauslöser
5 Handgriff und Batteriefach
6 Batteriefachverriegelung
7 AF-Hilfsilluminator und Selbstauslöser-LED
8 Objektiventriegelung
9 Blitzkontakt für entfesselten Einsatz
10 Rückwandentriegelung
11 Blitztaste
12 Riemenöse
13 Entriegelung der Wählscheibe
14 Wählscheibe
15 Leuchte zur Verringerung roter Augen
16 Mittenkontakt
17 Zubehörschuh
18 eingebautes Blitzgerät
19 Augenmuschel
20 Sucherokular
21 Taste für Filmtransportart
22 Taste für AF-Betriebsart
23 Patronensichtfenster
24 Taste für Meßcharakteristik
25 Funktionstaste
26 Rückwand
27 Stativbuchse
28 Schraubdeckel über Steckkontakten für Hochformat-Handgriff
29 Paßloch für Hochformat-Handgriff
30 Fernsteuerungsbuchse
31 Taste für Rückspulung teilbelichteter Filme
32 AF-Meßfeldtaste
33 Speichertaste
34 Daumenrad
35 Daumenradschalter

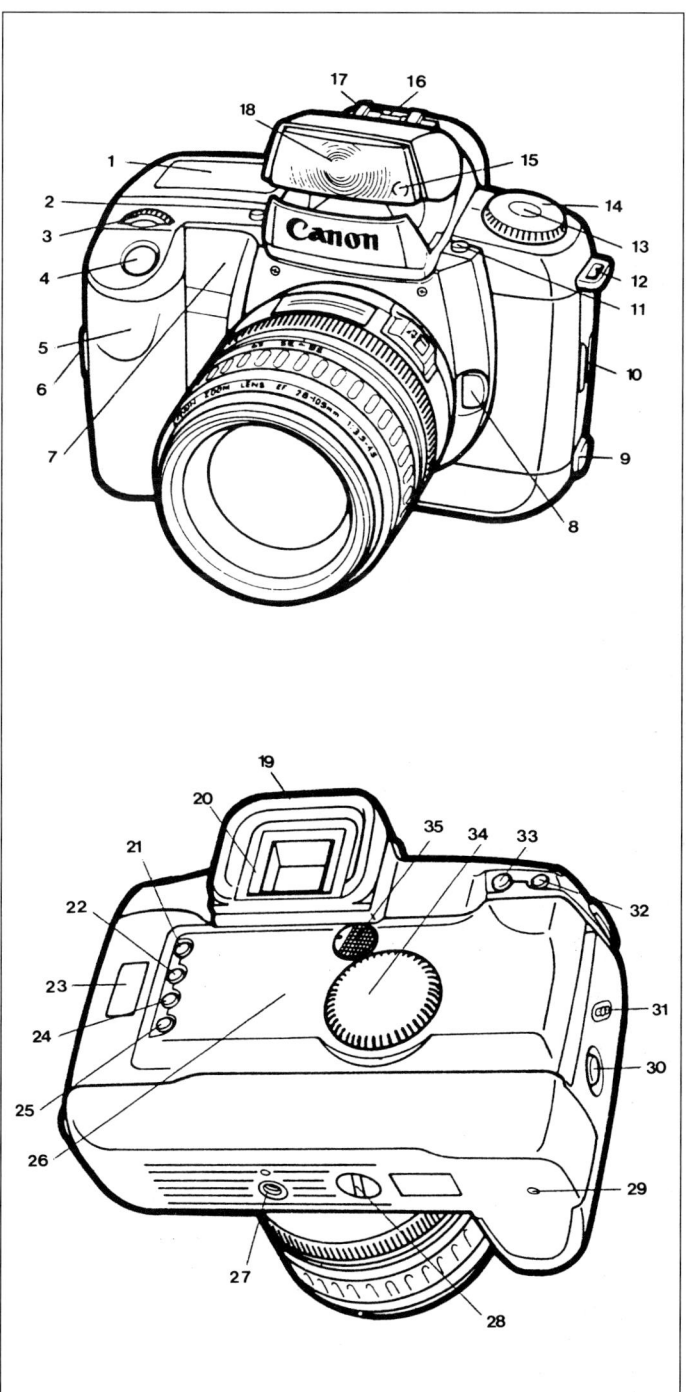

einem der fünf Meßfelder angepeilte Objekt kurzzeitig so beleuchtet, daß dem Autofokus-System eine Einstellung möglich wird. Bei früheren EOS-Modellen funktionierte dies bis etwa 9 m. Bei der EOS 5 verzichtet Canon auf jegliche Angabe, ja sogar auf die Erläuterung der Funktion in der Bedienungsanleitung. Sie müssen ja auch nicht unbedingt wissen, warum's geht und wie weit, oder? Eine zweite Aufgabe fällt dieser LED zu: Bei Selbstauslöseraufnahmen blinkt sie etwa zwei Sekunden vor dem Verschlußablauf hastig, um auf die bevorstehende Belichtung aufmerksam zu machen.

(8) Objektiventriegelung. Diese Taste brauchen Sie ausschließlich zum Abnehmen des Objektivs. Während dieses beim Ansetzen am Ende der Rechtsdrehung automatisch in seine Verriegelungsstellung einschnappt, läßt es sich nur unter Druck auf diese Entriegelung mit Linksdrehung wieder abnehmen.

Objektiventriegelung

(9) Blitzkontakt für entfesselten Einsatz. Ein externes Blitzgerät kann für entfesselten Einsatz über Kabel an diese durch einen Schraubstopfen geschützte Buchse angeschlossen werden. Damit wird einmal der Anschluß auch jener Geräte möglich, die nicht über einen Steckschuh mit Mittenkontakt verfügen, zum anderen gestattet entfesselter Einsatz das Ausbrechen aus der oft unschönen frontalen Beleuchtung: Das Blitzgerät kann zum Beispiel leicht erhöht zur Seite gehalten werden.

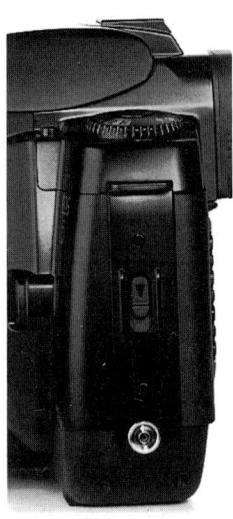

(10) Rückwandentriegelung. Ein Druck auf diesen Schieber läßt die Rückwand aufspringen. Eine Sicherung ist nicht vorhanden, so daß entsprechende Vorsicht geboten ist, um die Rückwand nicht unbeabsichtigt zu öffnen (und einen eingelegten Film zu verderben).

(11) Blitztaste. Wenn Sie nicht mit einem der vollautomatischen Programme fotografieren, in denen der Blitz automatisch zugeschaltet wird, führt ein Druck auf diese Taste zum Aufklappen und zur Aufladung des eingebauten Blitzgeräts. Natürlich muß die Kamera hierzu eingeschaltet sein. Sobald das Blitzgerät zündbereit ist, leuchtet im Sucher ein Blitzsymbol auf: Sie können auslösen. Solange das Blitzsymbol noch nicht leuchtet, bleibt der Auslöser zur Sicherheit gesperrt. Nach Blitzaufnahmen in den sogenannten Kreativprogrammen müssen Sie das Gerät von Hand wieder einklappen, womit es sich automatisch ausschaltet. (Solange es hochgeklappt ist, verbraucht es Strom!) In den vollautomatischen Programmen wird es nach der Zündung automatisch eingefahren.

Blitzkontakt und Rückwandentriegelung

Blitztaste

*Entriegelung der Wähl-
scheibe*

*Leuchte zur Verringe-
rung roter Augen*

*Zubehörschuh mit Mitten-
kontakt*

(12) Riemenöse. Die zu beiden Seiten der Kamera ange-
brachten Ösen nehmen den Schulterriemen auf, den Sie
unbedingt anbringen sollten.

(13) Entriegelung der Wählscheibe. Diesen Knopf müssen
Sie drücken, wenn Sie die Kamera durch Drehen der Wählscheibe aus der Stellung »L« (LOCK = AUS) einschalten.
Auch beim Übergang von einer »Programmzone« zur anderen, der über die L-Stellung führt, muß der Knopf gedrückt
werden, weil die Wählscheibe in der L-Stellung verriegelt.

(14) Wählscheibe. Das zentrale Einstellelement für die verschiedenen Betriebsprogramme der EOS 5. Daß es gleichzeitig zur Ein- bzw. Ausschaltung der Kamera dient, macht die
Sache nicht gerade leichter, zumal in diesem Fall auch stets
der Entriegelungsknopf gedrückt werden muß. Zudem muß
bei jeder Einschaltung auch jeweils das gewünschte Programm gewählt werden, so daß eine schnelle, »blinde« Einschaltung der Kamera nicht möglich ist. Ein weiteres Detail,
das die EOS 5 zur reinen Amateurkamera stempelt.

15) Leuchte zur Verringerung roter Augen. In der Betriebsart »Verringerung roter Augen« leuchtet diese Lampe vor der
Blitzzündung, damit sich die Pupillen der fotografierten Personen (oder Tiere) weiter schließen und der vom Blitz beleuch-
tete, rote Augenhintergrund nicht mehr störend in Erscheinung
tritt.

(16) Mittenkontakt. Bei Befestigung eines externen Blitzgeräts mit einem entsprechenden Synchronkontakt sorgt der
Mittenkontakt für kabellose Kupplung – eine seit vielen Jahren
bewährte Konstruktion, die höchsten Bedienungskomfort si-
chert.

(17) Zubehörschuh. Wesentlichste Aufgabe des Zubehör-
schuhs ist es heute, ein externes Blitzgerät aufzunehmen. Und
hierfür trägt er nicht nur einen Mittenkontakt, sondern vier
weitere Kontakte, die in Verbindung mit einem Canon-System-
blitzgerät komfortables Automatikblitzen gestatten.

(18) Das eingebaute Blitzgerät. Normalerweise versteckt es
sich im Prismengehäuse. Nur wenn die Kamera die Notwendigkeit von Zusatzbeleuchtung im Vordergrund erkennt, klappt
es in einigen vollautomatischen Belichtungsprogrammen
automatisch aus, zündet und verschwindet wieder in seinem
Versteck. In allen anderen Belichtungsprogrammen muß es
bei Bedarf durch Druck auf die Blitztaste ausgeklappt und nach

der Zündung von Hand wieder eingeklappt werden. Eine Aufforderung zum Blitzeinsatz gibt es im Sucher nicht. Lediglich bei Zündbereitschaft leuchtet unter dem Sucherbild ein Blitzsymbol.

(19) Augenmuschel. Die Augenmuschel schirmt das Okular besser gegen Fremdlicht ab. Für den Brillenträger wird sie vollends zum Muß, denn er findet eine gepolsterte Anlagefläche für die Brillengläser. Die Augenmuschel kann nach oben abgezogen werden, so daß dann zum Beispiel eine Augenkorrektionslinse aufgesetzt werden kann.

(20) Sucherokular. Die Austrittspupille des Sucherokulars liegt 20 mm hinter der Augenlinse (das meint Canon mit »Augenentfernung«). Mit anderen Worten, auch aus diesem Betrachtungsabstand läßt sich das gesamte Sucherbild noch überblicken – eine insbesondere für Brillenträger wichtige Tatsache. Bei kurzen Brennweiten führt ein Auswandern aus der optischen Achse besonders schnell zur Abdunklung der Seiten und Ecken. Blicken Sie deshalb stets genau »auf Mitte« in den Sucher.

*Augenmuschel und
Sucherokular*

(21) Taste für Filmtransportart. Diese mit DRIVE gekennzeichnete Taste dient zur Umschaltung zwischen Einzelbildern, Reihenaufnahmen mit niedriger und solchen mit hoher Bildfrequenz. Bei eingeschalteter Kamera wischt ein Druck auf diese Taste zunächst einmal den LCD-Monitor »blank«. Es werden nur noch zwei Kästchen angezeigt, und die Action spielt sich im linken der beiden ab. In Einzelbildschaltung erscheint dort ein simples Rechteck. Eine Drehung am Einstellrad bringt die Dinge in Bewegung: Bei Schaltung auf drei versetzte Rechtecke ergeben sich im günstigsten Fall etwa drei Bilder pro Sekunde, wenn neben diesen versetzten Rechtecken »H« (für High) erscheint, 5 B/s bei Schärfenpriorität (One Shot) bzw. 3 B/s bei Auslösepriorität (AI Servo).

In den Motivprogrammen erfolgt die Einstellung automatisch. Aufschluß gibt in jedem Fall der LCD-Monitor. Die Einstellung wird jeweils nach 6 s oder beim Antippen des Auslösers übernommen.

(22) Taste für AF-Betriebsart. Wieder wischt ein Druck den LCD-Monitor blank. Diesmal ist es das rechte der beiden Kästchen, in dem eine Drehung am Einstellrad zur Umschaltung zwischen »One Shot« (Auslösepriorität) und »AI Servo« (kontinuierlicher Schärfennachführung) führt. In den »echten« Automatikprogrammen erfolgt die Umschaltung automatisch, und dann ergibt sich bei Vollautomatik (grünes Rechteck auf

*1 Taste für Filmtransportart
2 Taste für AF-Betriebsart
3 Taste für Meßcharakteristik
4 Funktionstaste*

Patronensichtfenster

der Wählscheibe) die Zwischenstellung »AI Focus«, bei der die Kamera bei bewegten Objekten automatisch auf dynamische Schärfennachführung schaltet. Die Einstellung wird nach 6 s bzw. beim Antippen des Auslösers übernommen.

(23) Patronensichtfenster. Durch dieses Fenster läßt sich jederzeit der Typ und die Empfindlichkeit des eingelegten Films ermitteln.

(24) Taste für Meßcharakteristik. Kamera einschalten und diese mit dem Symbol der Mehrfeldmessung gekennzeichnete Taste drücken – im LCD-Monitor erscheint das Symbol für die jeweilige Meßcharakteristik. Eine Drehung am Einstellrad führt zur Umschaltung zwischen Mehrfeldmessung, mittenbetonter Integralmessung und Spotmessung. Die Einstellung wird nach 6 s bzw. beim Antippen des Auslösers übernommen.

(25) Funktionstaste. Lassen Sie uns zunächst festhalten, was Canon nicht deutlich macht: Diese Taste ist für den sogenannten Kreativbereich der Betriebsprogramme bestimmt, nicht jedoch für den Bereich der vollautomatischen Programme (u.a. Motivprogramme), in denen sie lediglich die Ein- oder Ausschaltung der Vorbeleuchtung zur Verringerung roter Augen gestattet.

Im »Kreativbereich« wechseln Sie mit dieser Taste – in dieser Reihenfolge – zwischen der Filmempfindlichkeitseinstellung (ISO), der Belichtungsreihenautomatik (AEB), der Vorbeleuchtung zur Verringerung roter Augen, der Mehrfachbelichtung und dem »Pieper« (nachdem es im Englischen »beeper« heißt, kann im Deutschen – laut Canon – ja nur noch der »Pieper piepen«. Die müssen das aus der Rudi-Carell-Show haben.). Und dieses »Piepen« tut er denn auch schneller oder langsamer. Die jeweilige Einstellung erfolgt in jedem Fall mit dem Einstellrad.

(26) Rückwand. Die serienmäßige Rückwand ist nicht gegen eine Datenrückwand austauschbar, nachdem auch im Gehäuse der normalen EOS 5 keine Kontakte zur Kupplung mit einer

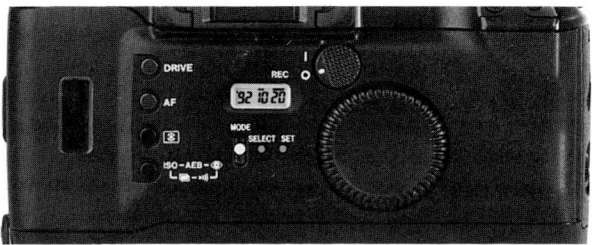

Datenrückwand der QD-Ausführung

Datenrückwand vorhanden sind. Sie müssen sich von vornherein entscheiden, ob die Daten- (eigentlich nur Datums-)
Einbelichtung für Sie von Bedeutung ist, und dann eine EOS
5 QD kaufen. Eine spezielle Kamerarückwand mit darüber
hinausgehenden Funktionen – wie sie für professionellen
Einsatz interessant wären – steht für die EOS 5 nicht zur
Verfügung.

(27) Stativbuchse. Die Stativbuchse dient nicht nur zur ver-
wacklungssicheren Aufstellung der Kamera auf einem Stativ,
sondern nimmt auch die Anzugsschraube des speziellen
Hochformat-Handgriffs auf.

(28) Steckkontakte für Hochformat-Handgriff. Diese Kontakte sind durch einen Deckel mit Münzschlitz geschützt. Bei
Nichtbenutzung des Hochformat-Handgriffs sollte der Deckel
stets aufgesetzt sein.

(29) Paßloch für Hochformat-Handgriff. In dieses Paßloch
greift ein Führungsstift des Hochformat-Handgriffs ein, der
diesen an der Bodenplatte der Kamera stabilisiert.

(30) Fernsteuerungsbuchse. Unter einem Schraubdeckel
verbirgt sich hier ein dreipoliger Anschluß für das Auslöseka-
bel 60T3, dessen Einsatz sich für Aufnahmen von einem Stativ
oder Reprogestell empfiehlt. Denn mit Drahtauslöser geht ja
bei einer elektronischen Kamera nichts mehr...

Fernsteuerungsbuchse

(31) Taste für die Rückspulung teilbelichteter Filme. Im
Normalfall wird der Film nach der letzten Aufnahme automatisch zurückgespult, ohne daß Sie irgendeine Taste drücken
müßten. Damit Sie jedoch auch teilbelichtete Filme jederzeit
zurückspulen können, gibt es diese Taste. Sie ist zur Sicherheit versenkt angebracht, so daß sie nicht versehentlich betä-
tigt werden kann.

(32) AF-Meßfeldtaste. Ein Druck auf diese Taste ruft fünf
blinkende Quadrate in den Monitor, die für die AF-Meßfelder
stehen. Durch Drehen des Einstellrads kann ein einzelnes
Meßfeld gewählt werden, das die Kamera dann ausschließlich
für die Scharfeinstellung heranzieht. Die Einstellung wird entweder durch Antippen des Auslösers oder nach sechs Sekunden automatisch übernommen.

(33) Speichertaste. Spotmessung ist nur mit Meßwertspeicherung sinnvoll, denn kaum je wird sich das für die Belichtung
maßgebliche Detail zufällig genau in der Bildmitte befinden.

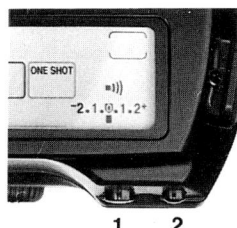

1 Speichertaste
2 AF-Meßfeldtaste

Bei Druck auf diese Taste werden die von der Kamera automatisch eingestellten Belichtungsdaten gespeichert. Die Einstellung bleibt gespeichert, solange die Meßsysteme eingeschaltet sind, was Sie durch angetippt gehaltenen Auslöser beliebig lange ausdehnen können. Mit anderen Worten, die Speichertaste selbst braucht nur kurz angetippt zu werden. Während danach beliebig automatisch fokussiert werden kann, kommen Sie von der gespeicherten Belichtungseinstellung nicht mehr herunter. Sie wird erst mit Ausschaltung der Meßwerke gelöscht. Wenn Sie die Belichtungseinstellung vor diesem Zeitpunkt ändern möchten, müssen Sie die Speichertaste erneut drücken.

Bei Spotmessung erfolgt die Belichtungsmessung über einen 3,5% großen Kreis um das zentrale AF-Meßfeld. Bei mittenbetonter Integralmessung und Mehrfeldmessung wird die Belichtungseinstellung so gespeichert, wie sie bei diesen Meßcharakteristika ermittelt wird: Im ersteren Fall hat das zur automatischen Scharfeinstellung verwendete AF-Meßfeld keinen Einfluß auf die Gewichtung, im letzteren wird die gemäß aktivem AF-Meßfeld gewichtete und korrigierte Gesamtwertung gespeichert. Daraus geht bereits hervor, daß sich eine Meßwertspeicherung bei Mehrfeldmessung im allgemeinen nicht empfiehlt. Meßwertspeicherung ist in den Programmen P, Tv, Av und DEP möglich.

(34) **Daumenrad.** Ein außerordentlich griffgünstig angeordnetes, zusätzliches Einstellelement, das Canon im Programm M für die Blendeneinstellung, ferner zur Belichtungskorrektur mit bzw. ohne Blitz nutzt. Warum es der von Canon verwendeten Bezeichnung »Schnelleinstellrad« so gar keine Ehre macht, lesen Sie unter (35).

(35) **Daumenradschalter.** Wäre das Daumenrad ständig aktiv, könnten sich Einstellwerte ungewollt – und diesmal wirklich »schnell« – ändern. Also muß es abschaltbar sein. Und genau diese Funktion kommt dem Daumenradschalter zu. Allerdings, er ist so unglücklich konstruiert, daß seine Bedienung zur ausgesprochen mühsamen Fummelei wird. Fazit: Dieser Schalter macht genau das kaputt, was das Daumenrad an Vorteilen schafft.

Daumenrad und
Daumenradschalter

Die Flüssigkristallanzeige (LCD)

Die Anzeige unter dem Sucherbild ist natürlich auch eine LCD, doch lassen Sie uns diese Bezeichnung einmal primär für den Monitor auf der Kamera-Oberseite verwenden. Sie bietet in der hier gezeigten »Gesamtdarstellung« ein geradezu verwirrendes Bild. Doch keine Angst! *So* werden Sie sie in der Praxis nie sehen, denn absolut praxisgerecht zeigt sie nur die im jeweils gewählten Programm relevanten Daten. Damit spiegelt diese Anzeige in jedem Fall den genauen Betriebszustand der Kamera wieder. Obendrein hat sie Canon so groß dimensioniert, daß ihre Ablesbarkeit vorbildlich ist. Einziger Wermutstropfen: Sie ist nicht beleuchtbar.

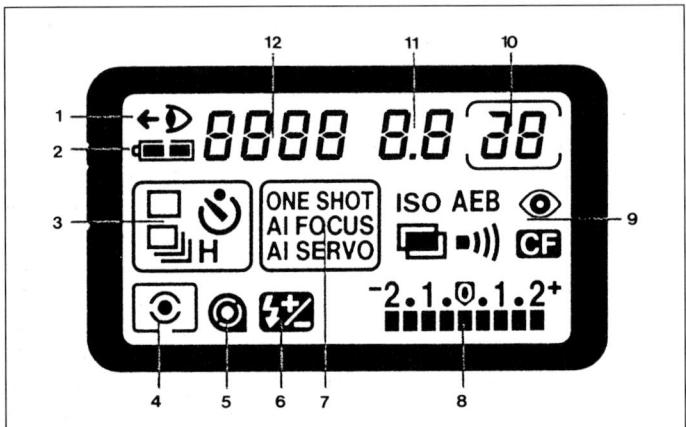

Die Flüssigkristallanzeige auf der Oberseite der Kamera ist ausreichend groß dimensioniert, um bequeme Ablesung zu gestatten. Dies ist keine Selbstverständlichkeit, denn es gibt durchaus Kameras, bei denen selbst kräftiges Schielen nicht hilft.

Lassen Sie uns nun einen Blick auf die einzelnen Symbole und Anzeigepositionen werfen.

(1) Das Augensymbol sagt Ihnen, daß die Kamera auf augengesteuerte, automatische Scharfeinstellung geschaltet ist.

(2) Das Batteriesymbol gibt Aufschluß über die Kondition der Batterie. Plastisch zeigt es, wie »voll« die Batterie noch ist. Gegebenenfalls blinkt es auch »um Hilfe«.

(3) Hier geht es um den Filmtransport. Das einfache Rechteck steht für Einzelbilder, das nach rechts schattierte für Reihenaufnahmen. Ein »H« daneben markiert die »Hochgeschwindigkeitsstellung«, in der sich bis zu 5 B/s erzielen lassen. In der rechten, oberen Ecke schließlich noch das Symbol für den Selbstauslöser (was natürlich mit Filmtransport nicht viel zu tun hat, aber stets mit diesem »zusammengewürfelt« wird).

(4) In diesem Rechteck sehen Sie, ob die Kamera auf Mehrfeldmessung (Punkt mit zwei horizontalen Klammern), Spotmessung (Punkt) oder mittenbetonte Integralmessung (leeres Feld) geschaltet ist.

(5) Das Filmpatronensymbol sagt Ihnen zunächst, daß ein Film eingelegt ist. Blinkt es nach dem Filmeinlegen, so

haben Sie einen Fehler gemacht und fangen besser noch einmal von vorn an. Gleichfalls blinken wird dieses Symbol nach vollendeter Filmrückspulung, sei sie automatisch oder von Hand ausgelöst.

(6) Dieses Piktogramm sagt Ihnen, daß ein Korrekturfaktor für die Blitzleistung eingestellt wurde.

(7) Dieses Kästchen gibt Aufschluß über die AF-Betriebsart. »One Shot« steht dabei für Schärfenpriorität, »AI Servo» für Auslösepriorität und schließlich »AI Focus« für dynamische Schärfennachführung. Bleibt das Kästchen völlig leer, ist Autofokus abgeschaltet.

(8) Dies ist in erster Linie eine elektronische »Analoganzeige«, die zur Belichtungsabstimmung von Hand und zur Eingabe von Korrekturfaktoren dient. Recht plastisch führt sie dabei die jeweilige Abweichung von der »korrekten« Belichtung vor Augen. Auch der Streufaktor für Belichtungsreihen läßt sich damit bequem einstellen.
Bei der Filmrückspulung setzen sich die Balken grafisch in Bewegung. Außerdem verdeutlichen sie grafisch den Ablauf der »Vorbeleuchtung« zur Verringerung roter Augen. Dieser Anzeige kommt allerdings kaum praktische Bedeutung zu, denn bei einer solchen Aufnahme blicken Sie normalerweise in den Sucher. Und dort erwartet Sie dieselbe Anzeige unter dem Sucherbild.

(9) In diesem Bereich passiert eine Menge: Zunächst erscheint das »ISO«, wenn Sie auf manuelle Einstellung der Filmempfindlichkeit schalten. Das »AEB« (Auto Exposure Bracketing) wiederum markiert die Betriebsart der Belichtungsreihenautomatik, das Augensymbol jene der Verringerung roter Augen durch Vorbeleuchtung, die überlappten Rechtecke jene der Mehrfachbelichtungen und das Schallwellensymbol den von Canon kreierten »Pieper« (ist zwar nicht deutsch, doch recht plastisch – Sie verstehen sicher auf Anhieb, und der Duden wird sich beeilen, den Begriff aufzunehmen).
Und schließlich verbleibt noch das »CF« für die »Customs Functions«, die individuelle Programmierung der Kamera.

(10) In diesem Kästchen erscheint die Nummer der nächsten Aufnahme – oder aber der Anzahl der vorgewählten bzw. gemachten Mehrfachbelichtungen.

(11) Hier gibt es eine ganze Latte von Möglichkeiten.
Zunächst ist es die Arbeitsblende, die hier in halben Belichtungsstufen erscheint. In Spezialprogrammen ergeben sich: der Streufaktor für Belichtungsreihen, die Nummer des Schärfentiefen-Meßpunktes (1 bzw. 2), die Aktivierung von Individualfunktionen (0 bzw. 1), die Aktivierung der Funktion gegen rote Augen (0 bzw. 1), die

Aktivierung des berühmten »Piepers« (0 bzw. 1), die Kalibrierungsnummer für augengesteuerte Scharfeinstellung (OFF, 1 - 5) und die Anzeige der Filmrückspulung.

(12)Dieser Platz ist primär der Verschlußzeit vorbehalten, die halbstufig angezeigt wird. Doch er dient auch zur Anzeige der eingestellten Filmempfindlichkeit in ASA (von den Japanern fälschlicherweise als ISO bezeichnet, weil sie die internationale Norm einfach geklaut haben). Ferner erscheinen hier »DEP« – die bessere Hälfte des Schärfentiefen-Meßpunktes –, die Nummer einer eingestellten Individualfunktion, die Kennzeichnung der Augenkalibrierung und die Anzeige für Filmrückspulung.

Der Sucher der EOS 5

Das Sucherbild der EOS 5 ist angenehm – hell, ohne Überstrahlungen, brillant. Es zeigt horizontal 94% und vertikal 92% des Formats. Mit einem Objektiv 50 mm in Unendlich-Einstel-

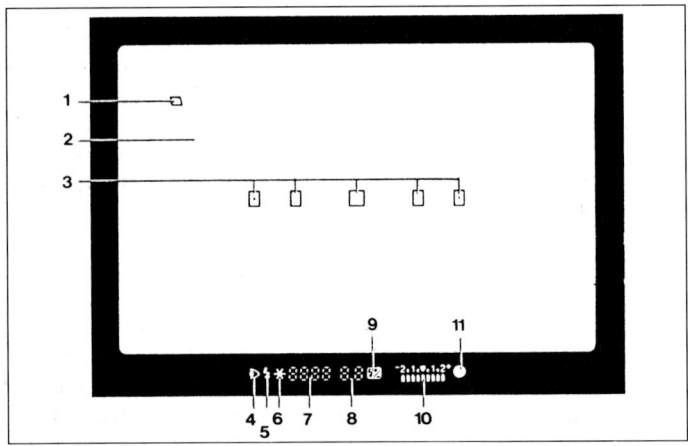

Der Sucher der EOS 5 informiert nicht nur über die Lage der Schärfenebene und das jeweils aktive AF-Meßfeld, sondern auch über sämtliche wichtigen Betriebs- und Einstelldaten.

lung vergrößert es 0,73fach. Bei kurzen Brennweiten macht sich allerdings eine starke Abschattung der Formatseiten bemerkbar, sobald das Auge die optische Achse verläßt.

Die Austrittspupille liegt volle 20 mm hinter der Augenlinse und bietet damit selbst Brillenträgern vollen Überblick über das Bildformat einschließlich der Datenzeile unter dem Sucherbild. Bei der Sucheranzeige handelt es sich um folgendes:

(1) Das Visierfeld zur Schärfentiefenkontrolle auf der Mattscheibe ist als Teil der Augensteuerung ein absolutes Novum im Kamerabau: Wenn Sie innerhalb von fünf Sekunden nach der augengesteuerten Fokussierung bei

Schärfentiefenkontrolle ganz wörtlich »auf einen Blick«

angetipptem Auslöser auf dieses Feld blicken, schließt sich die Blende auf Arbeitsöffnung. Und das ist Spitze, zumal es in jedem Belichtungsprogramm funktioniert, also zum Beispiel auch bei Blendenautomatik. So wird die jederzeitige, bequeme Prüfung der Schärfentiefe im Sucher möglich – solange Sie nicht mit Vollautomatik oder einem der Motivprogramme fotografieren, denn in diesen funktioniert die Abblendung nicht. Die Abblendung bleibt erhalten, solange Sie den Auslöser angetippt lassen.

(2) Dem hellen Mattscheibenfeld kommt eine außerordentlich wichtige Funktion zu, denn es zeigt jederzeit, ob die automatische Scharfeinstellung auch wirklich auf die gewünschte Ebene erfolgte. Denn der Schärfentiefen– indikator unter dem Sucherbild sagt Ihnen letztlich nur, daß die Kamera fokussiert hat, nicht jedoch worauf.
Zudem ist dieses Mattscheibenfeld unerläßlich zur Darstellung des sich bei Arbeitsblende ergebenden Schärfenbereichs sowie zur manuellen Fokussierung an einer beliebigen Stelle innerhalb des Formats, zum Beispiel bei Stativ- oder Nahaufnahmen sowie Reproduktionen.

(3) Die fünf AF-Meßfelder kennzeichnen die Lage der Autofokus-Sensoren innerhalb des Formats. Die Auswahl des jeweils zum Einsatz kommenden Meßfelds kann sowohl durch Augensteuerung als auch durch Umschaltung auf automatische Meßfeldwahl (sämtliche fünf Felder aktiv, die Kamera trifft die Wahl) bzw. Einstellung eines einzelnen Meßfeldes geschehen.

(4) Dieses Symbol erscheint in der Datenzeile, wenn die Kamera auf augengesteuerte Scharfeinstellung geschaltet ist.

(5) Sobald das eingebaute oder ein im Zubehörschuh befestigtes System-Blitzgerät zündbereit ist, leuchtet dieses Blitzsymbol auf. Bei vollem Druck auf den Auslöser wartet die Kamera mit der Aufnahme, bis das Blitzgerät voll aufgeladen ist. Dank der extrem kurzen Blitzfolgezeit des eingebauten Geräts macht sich eine solche Verzögerung jedoch nur ganz geringfügig bemerkbar.

(6) Das Sternchen leuchtet auf, sobald die Belichtungseinstellung durch Druck auf die Speichertaste fixiert wurde. Es erlischt bei Verschlußablauf bzw. nach automatischer Abschaltung des Meßsystems.

(7) An dieser Stelle erscheint normalerweise die halbstufig angezeigte Verschlußzeit, bei Schärfentiefenautomatik in Verbindung mit den beiden sich rechts anschließenden Anzeigestellen (8) auch die Bezeichnung des Meßpunktes (dEP 1 bzw. dEP 2), bei Kalibrierung der augengesteuerten Fokussierung die Ziffer des Kalibrierungsplatzes (1

– 5) sowie die Bestätigung der abgeschlossenen Kalibrierung (END -1 bis -5).

(8) Diese beiden Stellen plus Dezimalpunkt sind der Arbeitsblende vorbehalten. Wie auf dem Datenmonitor, wird sie auch hier halbstufig angezeigt. Nur bei Schärfentiefenautomatik und AF-Kalibrierung helfen sie anderweitig aus [siehe 7]).

(9) Das Plus-Minus-Zeichen leuchtet auf, wenn Sie eine Belichtungskorrektur eingestellt haben. Hierzu zählt auch eine Blitzleistungskorrektur.

(10) Die elektronische Analoganzeige ist eine praktische Sache, denn sie veranschaulicht eine Abweichung der Belichtungseinstellung vom Sollwert recht plastisch. Unter der Skala wandert ein Anzeigepfeil. Die Skala dient zur Einstellung eines Korrekturfaktors über das Daumenrad, einer Blitzleistungskorrektur über das Einstell- oder das Daumenrad, zur manuellen Belichtungsabstimmung mit Zeit oder Blende und zur Anzeige des Streufaktors und seiner Verteilung um die Nullmarke bei Belichtungsreihenautomatik. Außerdem zeigt sie in der Funktion zur Verringerung roter Augen das Aufleuchten jener Leuchte an, die die Pupillen der zu fotografierenden Personen veranlaßt, sich weiter zu schließen.

(11) Dies ist der Schärfenindikator. Er leuchtet bei automatischer Fokussierung auf, sobald die Scharfeinstellung abgeschlossen ist. Ist automatische Scharfeinstellung nicht möglich, blinkt er achtmal in der Sekunde. Bei manueller Scharfeinstellung kann er als Einstellhilfe herangezogen werden.

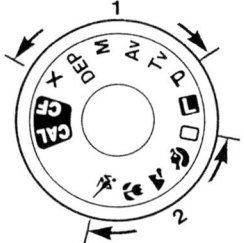

Wählscheibe

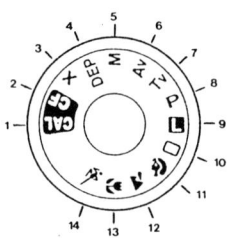

Die Einstellungen der Wählscheibe

1 *Kalibrierung der Kamera für augengesteuerte Scharfeinstellung*
2 *individuell programmierbare Funktionen*
3 *Synchronprogramm für an den Kabelkontakt angeschlossene, externe Blitzgeräte*
4 *Schärfentiefenautomatik*
5 *Handeinstellung der Belichtung*
6 *Zeitautomatik*
7 *Blendenautomatik*
8 *Programmautomatik mit Lichtwertverschiebung*
9 *Ausschaltstellung*
10 *Vollautomatik*
11 *Porträtprogramm*
12 *Landschaftsprogramm*
13 *Nahaufnahmeprogramm*
14 *Action-Programm*

Die Wählscheibe

Sie dient als Hauptschalter sowie zur Wahl der Betriebsart. Die Ausschaltstellung (L) trennt dabei zwei verschiedene Programmbereiche: oben der sogenannte Kreativbereich, unten die vollautomatischen Programme. Das Verlassen der Ausschaltstellung (L) ist nur unter Druck auf den Entriegelungsknopf in der Mitte der Scheibe möglich. Dies gilt auch für den Wechsel zwischen den beiden Programmarten, bei dem diese Stellung überfahren werden muß. Ein eindeutiger Nachteil der Wählscheibe ist es, daß das gewünschte Betriebsprogramm bei jeder Einschaltung der Kamera bewußt, das heißt mit Konzentration, gewählt werden muß und blindes Einschalten mit Rückkehr zum zuletzt benutzten Programm nicht möglich ist.

Die technischen Daten der EOS 5

Kameratyp: Einäugige Kleinbild-Spiegelreflexkamera mit Schlitzverschluß, automatischer Scharfeinstellung, Belichtungsautomatik, eingebautem Blitzgerät und Motorantrieb.

Objektivanschluß: Canon-EF-Bajonett mit vollelektronischer Signalübertragung.

Geeignet für: Canon-EF-Objektive.

Sucher: Feststehender Dachkant-Prismensucher. Gesichtsfeld vertikal 92%, horizontal 94% des Formats. Vergrößerung 0,73fach mit Objektiv 50 mm in Unendlich-Einstellung.

Okular: Abstimmung auf -1 dpt; Höhe der Austritspupille 20 mm.

Einstellscheibe: Vollmattscheibe mit fünf AF-Meßfeldern und Visierfeld für augengesteuerte Abblendung zur Schärfentiefenkontrolle; auswechselbar gegen eine von fünf Zubehörscheiben.

Verschluß: Vertikal ablaufender Lamellen-Schlitzverschluß; sämtliche Zeiten elektronisch gesteuert.

Verschlußzeiten: 1/8000 s - 30 s und B. Kürzeste Synchronzeit 1/200 s. Einstellung und Anzeige in halben Stufen.

AF-Steuerung: TTL-SIR-Phasenerkennung (Secondary Image Registration) mit Kreuz-Sensor BASIS (Base-Stored Image Sensor). Zwei AF-Betriebsarten: Schärfenpriorität (One Shot) und Auslösepriorität (AI Servo) mit automatischer Schärfennachführung. Manuelle Scharfeinstellung möglich.

AF-Meßfelder: Fünf horizontal über das Format verteilte Meßfelder; Wahl des jeweils zur Anwendung kommenden Meßfelds entweder von der Kamera automatisch, durch manuelle Einstellung oder durch Augensteuerung.

AF-Arbeitsbereich: LW 0 - 18 bei ISO 100/21°.

AF-Hilfsilluminator: Eingebaut; wird bei Bedarf automatisch zugeschaltet.

Belichtungsmeßsystem: Offenblenden-Innenmessung mit 16-Zonen-SPC (Silicium-Fotozelle). Drei Meßcharakteristika: Mehrfeldmessung, mittenbetonte Integralmessung und Spotmessung über ca. 3,5% des Formats.

Meßbereich: LW 0 - 20 mit Objektiv 1:1,4/50 mm bei ISO 100/21° und Normaltemperatur.

Aufnahmeprogramme: 1. Programmautomatik mit Lichtwertverschiebung 2. Blendenautomatik 3. Zeitautomatik 4. Schärfentiefenautomatik 5. Vollautomatik 6. Motivprogramme (Porträts, Landschaft, Nahaufnahmen, Action) 8. Blitzautomatik (A-TTL bzw. TTL-Programmblitzautomatik mit eingebautem bzw. System-Blitzgerät) 9. X-Synchronisation mit externem Blitzgerät über Kabelanschluß 10. Manuelle Belichtungseinstellung.

Verwacklungswarnung: Bei Vollautomatik und in den Motivprogrammen. Signaltöne, sobald die automatisch eingestellte Verschlußzeit um 0 bis 0,5 LW unter den Kehrwert der Aufnahmebrennweite absinkt.

Mehrfachbelichtungen: Bis zu neun Aufnahmen vorwählbar. Mit automatischer Rückstellung nach den Aufnahmen.

Belichtungskorrektur: ± 2 LW in halben Stufen.

Belichtungsreihenautomatik: ± 2 LW in halben Stufen. Drei aufeinanderfolgende Aufnahmen: gemessene Belichtung, Unterbelichtung und Überbelichtung.

Filmempfindlichkeitseinstellung: Automatisch nach DX-Code (ISO 25/15° - 5000/38°) oder von Hand (ISO 6/9° - 6400/39°).

Filmeinfädelung: Automatisch. Nach dem Schließen der Rückwand automatischer Vorlauf zur ersten Aufnahme.

Filmtransport: Automatisch durch speziellen Kleinstmotor. Drei Betriebsarten: Einzelbilder, Reihenbilder mit max. 3 B/s und Reihenbilder mit max. 5 B/s.

Rückspulung: Automatisch am Filmende.

Selbstauslöser: Elektronisch gesteuert, Vorlaufzeit 10 s.

Individualfunktionen: 16 individuell programmierbare Funktionen.

Batterie: Eine 6-Volt-Lithiumbatterie (2CR5).

Batterieprüfung: Automatisch beim Einschalten der Kamera (Verlassen der L-Stellung der Wählscheibe). Anzeige des Batteriezustands im LCD-Monitor.

Gehäuseabmessungen: 154 mm x 120,5 mm x 74,2 mm (BxHxT).

Gewicht des Gehäuses: 665 g (EOS 5 QD: 675 g) ohne Batterie.

Eingebautes Blitzgerät
Typ: Ausklappbares, automatisches Zoom-Blitzgerät im Prismengehäuse, mit Innensteuerung. Serienschaltung.

Leitzahl bei ISO 100/21°: 13 (bei 28 mm) bis 17 (bei 80 mm).

Leuchtwinkel: Automatische Einstellung nach Aufnahmebrennweite: 28 mm, 50 mm bzw. 80 mm.

Blitzfolgezeit: ca. 2 s

Zündung: Automatisch bei schwachem oder Gegenlicht bei Vollautomatik und in einigen Motivprogrammen.

Zusätzliche Daten der EOS 5 QD
Dateneinbelichtung: Über eingebaute Quarzuhr mit automatischem Kalender, programmiert bis zum Jahr 2019 (automatische Berücksichtigung von Schaltjahren sowie kurzer und langer Monate).
Mögliche Datenformate: 1. Jahr/Monat/Tag 2. Tag/Stunde/Minute 3. Monat/Tag/Jahr 4. Tag/Monat/Jahr. Einbelichtung abschaltbar.

Einbelichtungsfarbe: Orange.

Ganggenauigkeit der Quarzuhr: Max. Abweichung ± 90 s monatlich bei Normaltemperatur.

Spannungsquelle: Eine 3-Volt-Lithiumbatterie (CR2025), ausreichend für etwa drei Jahre.

Sämtliche Daten nach Angaben des Herstellers, ohne Gewähr.

Das neue Autofokus-System

Was die automatische Scharfeinstellung angeht, schreibt die EOS 5 Fotogeschichte. Immerhin ist sie die erste Reflexkamera, die sich allein durch die Blickrichtung des Fotografenauges auf ein zu fokussierendes Detail dirigieren läßt. Das klingt im Moment noch sehr futuristisch, doch schließlich ist Canon bekannt für futuristische Ideen und Konstruktionen. Auch der Ultraschallmotor ist eine solche Entwicklung, die der Konkurrenz wegen der unglaublich hohen Einstellgeschwindigkeit und Geräuscharmut zu schaffen macht.

Die EOS 5 schreibt Fotogeschichte

Möglich wird die Augensteuerung natürlich erst, wenn die Kamera eine ganze Reihe über das Format verteilter AF-Meßfelder anbietet. Denn nur dann ergibt sich eine Auswahl verschiedener über das Bild verteilter Meßstellen. Und so wartet die EOS 5 zunächst mit dem bereits aus der EOS 1, EOS 10 und EOS 100 bekannten Kreuz-Sensor BASIS auf, der die Anfälligkeit rein horizontal angelegter Sensoren gegenüber (im Querformat) horizontalen Strukturen überwindet. In der EOS 10 erweiterte Canon diesen zentralen Kreuz-Sensor durch zwei seitlich dazu angeordnete, vertikale Sensorzeilen.

Die Basis ist der Kreuz-Sensor BASIS

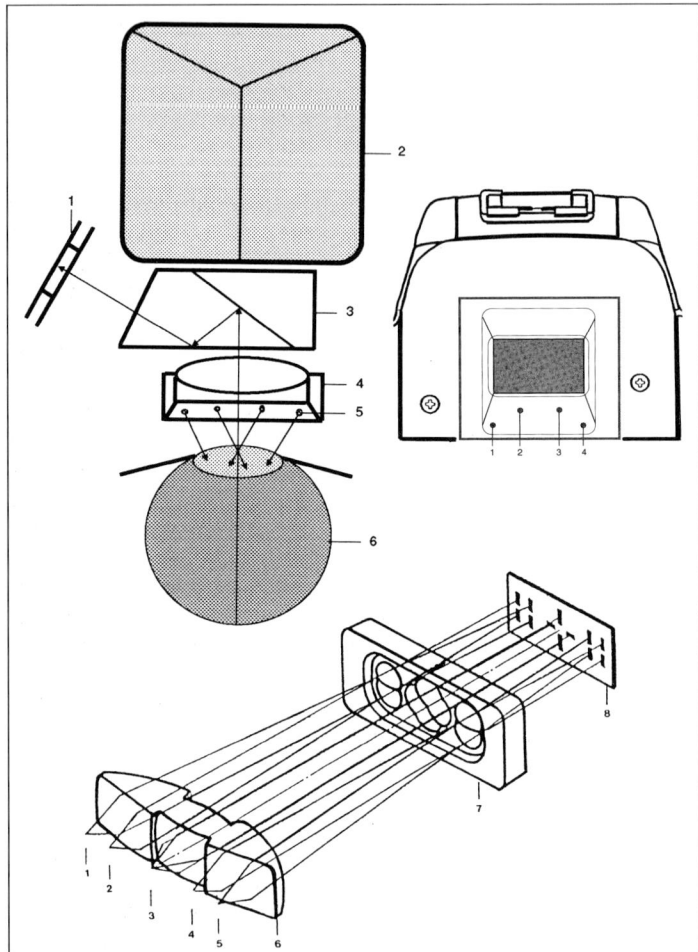

Augensteuerung des AF-
Systems:
1 CCD
2 Dachkantprisma
3 Strahlenteiler
4 Okular
5 IR-Sender
6 Auge

IR-Sender in der Okular-
fassung
1 I R-1
2 I R-2
3 I R-3
4 IR-4

Schematische Darstel-
lung des Autofokus-Sy-
stems der EOS 5:
1 Objektbild 1
2 Objektbild 2
3 Objektbild 3 (Haupt-
   bildebene)
4 Objektbild 4
5 Objektbild 5
6 Feldlinse
7 Nebenabbildungslin-
   sen
8 Multi-BASIS-Sensor

In der EOS 5, schließlich, wird der zentrale Kreuz-Sensor von jeweils zwei dieser vertikalen Sensoren flankiert. Damit ergibt sich eine beachtliche Spannbreite der über das Format verteilten Meßfelder, und zum erstenmal entsteht eine ernstzunehmende Möglichkeit, ohne wesentliche Ausschnittsänderung auf sehr unterschiedliche Motivdetails zu fokussieren.

Fokussierung auf unterschiedliche Motivdetails ohne Ausschnittsänderung

Vollautomatische Meßfeldwahl

Meist wird nur jeweils eines dieser Meßfelder für die Scharfeinstellung genutzt. Welches dies ist, signalisiert die Kamera durch rotes Aufleuchten des betreffenden Meßrahmens. Um jede mögliche Aufnahmesituation abzudecken, bietet die EOS 5

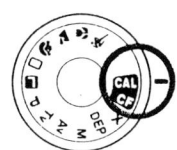

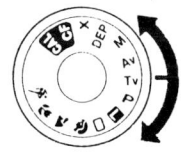

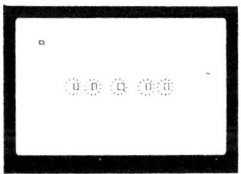

Zur Schaltung auf vollautomatische Meßfeldwahl genügt es, die Wählscheibe auf CAL zu drehen, mit dem Einstellrad OFF im Monitor einzustellen, die Wählscheibe auf ein Kreativprogramm zu drehen und die Meßfeldtaste zu drücken.

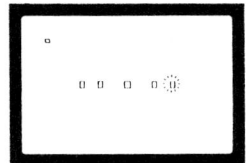

Zur Einstellung eines beliebigen AF-Meßfeldes dreht man die Wählscheibe auf ein Kreativprogramm, drückt die AF-Meßfeldtaste und dreht das Einstellrad, bis der gewünschte AF-Meßfeldrahmen rot aufleuchtet.

gleich drei verschiedene Betriebsarten: Sie können der Kamera die ganze Arbeit aufbürden, indem Sie alle fünf Meßfelder »auf Empfang« schalten. Dann sucht sie sich automatisch ein oder mehrere für die automatische Scharfeinstellung »geeignete« Meßfelder aus. Und das ist natürlich russisches Roulette. Denn was passiert?

Die Kamera entscheidet sich primär für das jeweils *nächste* Objekt, auf dem eines der Meßfelder zu liegen kommt – ob Ihnen das recht ist oder nicht. In der reinen Hobbyfotografie mag das noch angehen, denn da geht man davon aus, daß Sie eben den Onkel Otto und die Tante Ida konterfeien möchten, die sich da so prominent im Vordergrund breitmachen. Sie stehen Ihnen und der Kamera »am nächsten«. Und als besonderer Bonus kommt Ihnen zugute, daß die fünf breit gestreuten Meßfelder mit Sicherheit jenen Vordergrund erfassen und nicht den weit entfernten Hintergrund, der sich gerade zwischen den beiden Personen mit dem zentralen Meßfeld deckt. So wird ein früher verbreiteter Autofokus-Meßfehler wegautomatisiert.

Die Einstellung selbst liest sich etwas umständlich, geht jedoch im Endeffekt schneller als erwartet. Zunächst stellen Sie die Wählscheibe auf »CAL» und drehen das Einstellrad, bis auf dem Monitor OFF erscheint. Dann drehen Sie die Wählscheibe auf ein Kreativprogramm und drücken die AF-Meßfeldtaste. Im Sucher leuchten daraufhin alle aktiven Meßfeldrahmen rot, im Monitor blinken sie. Gegebenenfalls drehen Sie nun das Einstellrad, bis alle fünf Felder blinken bzw. rot leuchten. Die Einstellung wird entweder automatisch nach sechs Sekunden bzw. durch Druck auf die AF-Meßfeldtaste oder Antippen des Auslösers übernommen.

In dieser Schaltung, die bei Vollautomatik ohne jede Einstellung wirksam wird, ist die EOS 5 eine reine Knipsmaschine, die wirklich kaum noch Ansprüche an den Intelligenzquotienten des Benutzers stellt. Da kann jeder draufdrücken. Doch würden Sie Ihrem Hausaffen eine Kamera kaufen, die Canon gleich unter dem Profi-Modell EOS 1 ansiedelt? Wäre ein wenig mit dem Speck nach der Wurst geworfen, nicht? Also vergessen wir's, nachdem wir uns mit sowas nicht recht identifizieren können, zumal das Resultat alles andere als garantiert ist.

Manuelle Meßfeldwahl

Wenn Sie auf der bisher herkömmlichen Fokussierung mit einem einzigen Meßfeld bestehen, können Sie auch dies in der EOS 5 durchsetzen. Die Auswahl wird sich dabei allerdings auf das zentrale Meßfeld mit Kreuz-Sensor beschränken, denn dieser ist der leistungsfähigste und zudem durch seine Anordnung in Suchermitte wohl auch der einzige, der für »gezieltes Zielen« in Frage kommt.

Die Einstellung geht blitzschnell: Kamera auf ein Kreativprogramm schalten, AF-Meßfeldtaste drücken und Einstellrad drehen, bis der gewünschte Meßfeldrahmen rot aufleuchtet. Dann Meßfeldtaste erneut drücken oder Auslöser antippen bzw. sechs Sekunden warten, bis die Einstellung automatisch übernommen wird.

Für die Praxis kommt primär das zentrale Meßfeld in Frage

Augengesteuerte Scharfeinstellung

Als Nonplusultra des Autofokus-Komforts schließlich bietet die EOS 5 die Möglichkeit der augengesteuerten Scharfeinstellung. Dabei entscheidet die Blickrichtung des Auges über das zur Anwendung kommende AF-Meßfeld. Nachdem es deren fünf im Sucher der EOS 5 gibt, ist die Wahrscheinlichkeit groß, daß sich eines dieser Felder in unmittelbarer Nähe des gewünschten Objektdetails befindet, so daß nach der Fokussie-

Die augengesteuerte Scharfeinstellung ist ebenso neu wie technisch interessant. Sie macht in vielen Fällen eine Ersatzmessung und Meßwertspeicherung überflüssig.

rung und Meßwertspeicherung (durch angetippt gehaltenen Auslöser) entweder gar keine oder nur noch eine geringe Ausschnittsänderung vor dem vollen Druck auf den Auslöser erforderlich ist.

Zunächst einmal müssen Sie die Kamera auf Ihr Auge einstellen – kalibrieren. Und diese Kalibrierung muß unter denselben Bedingungen erfolgen, die später für die Aufnahmen gelten. Sind Sie also Brillenträger, müssen Sie die Brille auch zur Kalibrierung aufsetzen. Und sie muß *richtig* sitzen, nicht schief, nicht zu tief. Gleiches gilt, was die Haltung anbetrifft, natürlich auch für Ihr Auge. Blicken Sie in der optischen Achse in den Sucher, also weder von der Seite, noch zu hoch

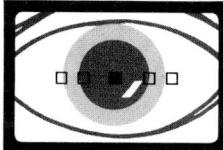

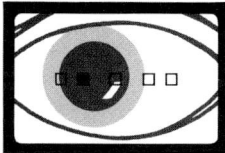

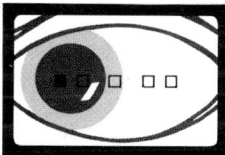

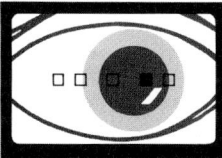

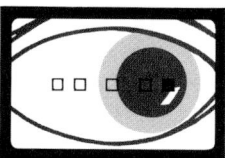

Nach der Kalibrierung genügt ein Blick auf das gewünschte AF-Meßfeld, um es zu aktivieren – die Kamera fokussiert automatisch auf das betreffende Objektdetail.

oder zu tief. Kalibrieren Sie nicht im Gegenlicht. Legen Sie das Auge dicht an die Augenmuschel an. Tragen Sie zur Kalibrierung keine Sonnenbrille. (Mehrschichtenvergütete Brillengläser können die Kalibrierung gleichfalls unmöglich machen.) Achten Sie darauf, daß sich keine Hindernisse (zum Beispiel Haare) vor das Auge schieben.

Der Kalibriervorgang ist kinderleicht, sobald Sie sich erst einmal mit der Sache vertraut gemacht haben. Zunächst drehen Sie die Wählscheibe auf ein beliebiges Kreativprogramm und drücken die AF-Meßfeldtaste. Daraufhin leuchtet der aktive Meßfeldrahmen im Sucher rot, auf dem Monitor blinkt er. Mit dem Einstellrad bringen Sie gegebenenfalls sämtliche fünf Rahmen zum Leuchten bzw. Blinken.

Anschließend drehen Sie die Wählscheibe auf »CAL» und das Einstellrad, bis die entsprechende Platznummer (1 - 5) auf dem Monitor erscheint. Denn die Charakteristika von bis zu fünf verschiedenen »Benutzeraugen« lassen sich in der Kamera speichern, so daß beim Wechsel des Fotografen nur jeweils Umschaltung auf den entsprechenden Speicherplatz erforderlich ist. Solange die einzelnen Speicherplätze noch nicht belegt sind, blinken sie im Monitor. Möchten Sie einen bereits belegten Speicherplatz löschen, drücken Sie die Speichertaste und die AF-Meßfeldtaste gleichzeitig: Er beginnt wieder zu blinken.

Im Sucher blinkt in Stellung CAL der Wählscheibe zunächst der rechte Meßfeldrahmen rot. Blicken Sie auf diesen und tippen Sie den Auslöser kurz an. Kurz darauf blinkt der linke Rahmen rot. Blicken Sie nun auf diesen und tippen Sie den Auslöser erneut an. Fertig.

Unter dem Sucherbild und im LCD-Monitor erscheint die Mitteilung »End« mit der Nummer des Speicherplatzes. Unter dieser Nummer finden Sie Ihre persönliche Einstellung bei Bedarf jederzeit wieder. Die Schaltung auf augengesteuerte Scharfeinstellung wird sowohl im Sucher als auch im Monitor durch ein Augensymbol gekennzeichnet. Sie bleibt auch bei Ausschaltung der Kamera erhalten. Augengesteuerte Scharfeinstellung ist in allen Betriebsarten außer Vollautomatik und Schärfentiefenautomatik möglich.

Nachdem Ihr Auge »lebt«, ist es gewissen natürlichen Veränderungen unterworfen, die die Augensteuerung beeinträchtigen können. Auch unterschiedliche Lichtverhältnisse können sich hierauf auswirken. Es empfiehlt sich deshalb, die Kalibrierung auf demselben Speicherplatz mehrmals bei unterschiedlichen Verhältnissen vorzunehmen, wodurch sich die Kamera mehr Informationen über das Auge verschafft und in Zukunft noch besser auf wechselnde Gegebenheiten Rücksicht nehmen kann.

Die Augensteuerung in der Praxis

Nachdem Sie so Ihren »Augensteuerungs-Führerschein« gemacht haben, können Sie zur Tat schreiten, die Wählscheibe
auf ein geeignetes Programm drehen und (möglichst mit un-
geladener Kamera) nach Herzenslust üben. Sie werden feststellen, daß die Geschichte im allgemeinen sehr gut funktioniert. Nur bei Hochaufnahmen hat die Kamera oft ihren eigenen Kopf und schaltet ganz hinterhältig auf vollautomatische
Meßfeldwahl. Das sehen Sie sofort am Aufleuchten mehrerer
Meßfeldrahmen. Außerdem verschwindet das Augensymbol
im Sucher. Angenehm ist dieser Effekt natürlich nicht, denn er
nimmt Ihnen das Steuer aus der Hand, und Sie müssen
gegebenenfalls erst auf manuelle Meßfeldwahl umschalten.

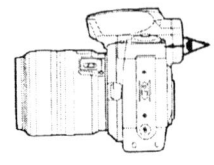
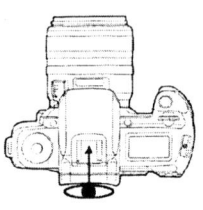
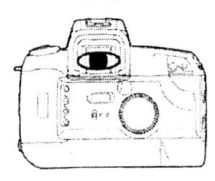

Das Grundsätzliche der Augensteuerung ist ja wohl inzwischen klar: Gewünschtes Meßfeld anblicken und Auslöser
antippen. Rotes Aufleuchten des Meßfeldrahmens quittiert die
Aktion. Nach Freigabe des Auslösers kann die Fokussierung
mit einem anderen Meßfeld auf ein anderes Detail erfolgen.

Für die augengesteuerte
Scharfeinstellung wichtig:
1. Genau auf der opti-
   schen Achse in den
   Sucher blicken.
2. Kamera nicht verkan-
   ten.

Die Grenzen der automatischen Scharfeinstellung

Es gibt kein System, das alles könnte. Und so hat auch das
Autofokus-System der EOS 5 ganz natürliche Grenzen, die
nicht weiter schwerwiegend sind, solange man sie kennt und
sich darauf einstellen kann.

Alle Phasenerkennungssysteme sind darauf angewiesen,
ohne fremde Hilfe »etwas zu sehen«. Schließlich zerhacken
sie ausgewählte Teile des Objektbildes in lauter kleine Stück-
chen und stellen Bildvergleiche an. Wenn es zu dunkel (oder
zu hell) wird, ist ein solcher Bildvergleich nicht mehr möglich.
Im relativen Nahbereich hilft der eingebaute AF-Hilfsilluminator der Kamera. Darüber hinaus jedoch ist Schluß. Ebenso
muß eine völlig monotone, strukturlose Fläche dazu führen,
daß das AF-System die Waffen streckt: Es kann nicht gut
Nichts mit Nichts vergleichen. Hier wird man sich meist durch
eine Ersatzmessung helfen: Man fokussiert automatisch auf
ein Ersatzobjekt in etwa gleicher Entfernung, hält den Auslöser
zur Meßwertspeicherung angetippt und schwenkt auf den
endgültigen Ausschnitt. Alternativ bleibt die Handeinstellung
nach dem Mattscheibenbild.

Zur Fokussierung un-
geeignet: strukturlose
Flächen

Etwas anders gelagert ist der Schuß durch einen dem Motiv
überlagerten Vordergrund, sei es Blattwerk, eine Gardine, ein
engmaschiges Gitter oder ähnliches. In diesem Fall würde die
Kamera meist auf den Vordergrund scharfstellen, und das ist
natürlich nicht erwünscht. Also bleibt nur die Abschaltung von

Aufnahmen durch nahes Blattwerk können sehr reizvoll sein, doch die automatische Scharfeinstellung ist dann meist nicht mehr möglich. Unweigerlich würde das System auf den nahen Vordergrund scharfstellen. So empfiehlt es sich in einem solchen Fall, AF abzuschalten und nach dem Mattscheibenbild zu fokussieren.

Monotone, strukturlose Flächen »sagen« dem AF-System nichts, denn es vergleicht bekanntlich Bilddetails. Würde das aktive Meßfeld folglich auf der strukturlosen Fläche des Hutes liegen, wäre automatische Scharfeinstellung nicht möglich. Durch die fünf Meßfelder der EOS 5 ist hier allerdings Abhilfe kinderleicht: Blicken Sie – bei augengesteuerter Fokussierung – einfach auf ein anderes Meßfeld, das sich mit einer deutlichen Bildstruktur in der gewünschten Entfernungsebene deckt – oder speichern Sie die Einstellung durch Antippen des Auslösers und schwenken Sie dann auf den endgültigen Ausschnitt.

Wenn's glitzert und funkelt, wird das AF-System ebenso geblendet wie unser Auge auch. Bringt der Einsatz eines günstiger gelegenen AF-Meßfeldes keine Abhilfe, bleibt auch hier wieder die Ersatzmessung, wie zuvor beschrieben. Und wenn alle Stränge reißen, ist noch immer die manuelle Scharfeinstellung nach Abschaltung von AF möglich.
Sämtliche Aufnahmen Kodak Ektachrome.

AF (am Objektiv) und die Einstellung auf der Mattscheibe. Bei den USM-Objektiven ist nicht einmal die Abschaltung nötig; nach dem Druck auf den Auslöser genügt es, diesen angetippt zu halten und den Entfernungsring zu drehen.

Nie vergessen sollten Sie, daß das Mattscheibenbild das letzte Schärfenkriterium ist. Nur dort können Sie feststellen, ob sich die automatische Einstellung auch wirklich mit Ihren Wünschen deckt. Der Schärfenindikator im Sucher bestätigt letztlich nur, daß überhaupt eine Einstellung stattgefunden hat. Wo die Kamera die Schärfenebene hingelegt hat, zeigt allein das Mattscheibenbild.

Zur Wahl der AF-Betriebsart werden die AF-Taste auf der Kamerarückwand gedrückt und das Einstellrad gedreht.

Die AF-Betriebsarten

Die EOS 5 kennt zwei grundlegende Betriebsarten der automatischen Scharfeinstellung. Als »normal« gilt dabei die sogenannte Schärfenpriorität, die Canon mit der Bezeichnung ONE SHOT belegt. Hier hat die Schärfe Vorfahrt. Die Entfernung wird beim Antippen des Auslösers eingestellt und gespeichert. Eine Auslösung ist erst möglich, wenn die Scharfeinstellung abgeschlossen ist. Der bis dahin gesperrte Auslöser verhindert unscharfe Aufnahmen.

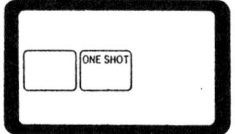

Bei Schärfenpriorität erscheint ONE SHOT im LCD-Monitor.

Insbesondere bei manueller Einstellung eines bestimmten AF-Meßfeldes wird die Meßwertspeicherung durch angetippten Auslöser zur Voraussetzung für eine Unzahl von Aufnahmen, denn so wird es möglich, auf ein Detail an beliebiger Stelle im endgültigen Ausschnitt zu fokussieren und dann zur Auslösung auf diesen Ausschnitt zu schwenken, ohne daß sich die Einstellung ändern würde. Denn schließlich wollen Sie Ihre Bilder ja gestalten. Dabei gilt die Speicherung bei angetipptem Auslöser gleichfalls für die Belichtungseinstellung.

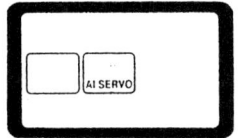

Bei Auslösepriorität steht der Monitor auf AI SERVO.

Eine Änderung der Autofokus-Betriebsart ist nur in den Kreativprogrammen möglich. In den vollautomatischen Programmen gibt die Kamera auch die AF-Betriebsart vor. Zur Umschaltung drücken Sie in den Kreativprogrammen die AF-Taste an der Kamerarückwand und drehen (innerhalb der nächsten sechs Sekunden!) das Einstellrad, bis das gewünschte Symbol auf dem Monitor erscheint. Antippen des Auslösers führt daraufhin zur schnellen Übernahme der Einstellung.

Erscheint im entsprechenden Kästchen des Monitors AI SERVO, ist die Kamera auf Auslösepriorität mit Schärfennachführung geschaltet. Das »AI« weist die EOS in dieser Betriebsart als »künstlich intelligent« aus. Was es damit auf sich hat, werden wir anschließend sehen.

**Objektverfolgung über
mehrere AF-Meßfelder**

Bei Auslösepriorität wird die Schärfe bei bewegten Objekten laufend nachgeführt – solange Sie den Auslöser angetippt halten, versteht sich. Der Auslöser ist stets frei. Mit anderen Worten, Sie können auch unscharfe Bilder produzieren, wenn Sie vor vollzogener Fokussierung auslösen. Der Clou der Schärfennachführung in der EOS 5 ist, daß die Kamera – solange sie nicht auf Augensteuerung geschaltet ist – das Objekt gegebenenfalls mit verschiedenen Meßfeldern »verfolgt«, wenn es zu Beginn mit dem mittleren AF-Meßfeld angezielt wurde. Bei Augensteuerung hingegen bleibt nur jenes Meßfeld aktiv, das zur Fokussierung anvisiert wurde.

Es liegt auf der Hand, daß sich diese Betriebsart besonders zur Kombination mit Reihenbildern eignet. Auch bei Einzelbildschaltung ist sie jedoch von Vorteil, wenn Sie einmal in »feindlicher Umgebung« möglichst unauffällig und schnell schnappschießen möchten. Dann bleibt meist keine Zeit mehr für sorgfältige Ausschnittwahl. Sie werden die Kamera auf automatische AF-Meßfeldwahl schalten, blitzschnell ans Auge nehmen – und auch schon auslösen. Mit Auslösepriorität haben Sie dabei eine größere Chance, zu brauchbaren Aufnahmen zu gelangen als mit Schärfenpriorität, bei der Ihnen möglicherweise ein gesperrter Auslöser einen dicken Strich durch die Rechnung macht.

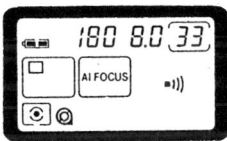

Bei Vollautomatik schaltet die Kamera automatisch auf Schärfennachführung, sobald sie ein bewegtes Objekt erkennt. Diese Betriebsart bezeichnet Canon als AI FOCUS.

Nachdem die Schärfe bei Auslösepriorität nicht gespeichert wird, ist die zuvor beschriebene Ersatzmessung folglich nicht möglich, weshalb sich AI SERVO nur schlecht für statische Motive eignet. Die Belichtung stellt die Kamera in Auslösepriorität unmittelbar vor dem Verschlußablauf ein, so daß sie dem jeweils aktuellen Bildausschnitt entspricht.

Eine »Zwitterschaltung« gibt es noch, nämlich AI FOCUS, die sich bei Vollautomatik (grünes Rechteck) ohne weiteres Zutun ergibt. Sie ist ausschließlich in diesem Belichtungsprogramm wirksam und basiert zunächst auf Schärfenpriorität. Erkennt die Kamera jedoch beim Antippen des Auslösers eine Objektbewegung, schaltet sie automatisch auf AI SERVO. Danach erfolgt eine Rückschaltung auf Schärfenpriorität allerdings nicht automatisch, sondern erst nach der nächsten Freigabe des Auslösers.

Die künstliche Intelligenz

Bei AI SERVO bzw. AI FOCUS kommt zur reinen Schärfennachführung bei bewegten Objekten noch etwas hinzu, was Canon zu der Behauptung hinreißt, die Kamera sei »künstlich intelligent«. Bei Objekten nämlich, die sich etwa in Richtung der Aufnahmeachse bewegen, die Entfernung zur Kamera

Der im Bild erfaßte
Schärfenbereich – die so-
genannte Schärfentiefe –
wird in erster Linie von
der Größe der Blenden-
öffnung beeinflußt. Je
größer die Blende, um
so geringer die Schärfen-
tiefe. Die obere Aufnah-
me zeigt, wie eine große
Blende bei Fokussierung
auf den Vordergrund zur
unscharfen Abbildung
des Hintergrunds führt.
Bei ausreichend starker
Abblendung hingegen
(untere Aufnahme) ver-
größert sich die Schär-
fentiefe so weit, daß
auch der Hintergrund
scharf abgebildet wird.
Kodak Ektachrome.

also laufend ändern, nimmt die Kamera gewissermaßen eine
Hochrechnung vor: Sie ermittelt, in welcher Entfernung sich
das Objekt zum präzisen Zeitpunkt der Belichtung befinden
wird, und stellt auf diese Entfernung scharf. Denn zwischen
dem Augenblick, in dem Sie den Auslöser voll durchdrücken,
und der eigentlichen Belichtung vergeht zwangsläufig noch
ein Sekundenbruchteil, in dem die Kamera die Blende auf die
ermittelte Öffnung schließt und den Spiegel hochklappt. Bei
schnellbewegten Objekten reicht dies aus, das Motiv – insbesondere beim Einsatz langer Brennweiten – buchstäblich aus
der Schärfe laufen zu lassen. Mit der auf AI SERVO geschal-
teten EOS 5 kann Ihnen das nicht mehr passieren.

Rechte Seite
Durch Wahl einer geeig-
neten – vorzugsweise
langen – Brennweite und
entsprechend großen
Blende läßt sich das
Hauptobjekt isolieren.
Der Hintergrund wird in
Unschärfe getaucht.
Kodak Ektachrome.

Augengesteuerte Abblendung

Wiederum ein absolutes Novum, und ein beeindruckendes dazu. Denn in den Kreativprogrammen eröffnet die Augensteuerung eine weitere, interessante Möglichkeit: Wenn Sie innerhalb von fünf Sekunden nach der Fokussierung bei angetipptem Auslöser auf die Visiermarke in der linken oberen Ecke des Sucherbildes blicken, schließt sich die Blende auf die vorgewählte Öffnung. Und damit wird es ein Leichtes, schnell mal die Schärfentiefe auf der Mattscheibe zu prüfen. Oft werden sich nämlich Hobbyfotografen zumindest am Anfang eines wichtigen Punktes nicht bewußt, in dem sich das Sucherbild einer Spiegelreflexkamera von der fertigen Aufnahme unterscheidet: In der Reflex sehen Sie das Sucherbild stets bei voll geöffneter Blende, denn bei größter Öffnung ist die Schärfentiefe am geringsten. Fazit: Die Lage der Schär-

So wie in der linken Aufnahme sehen Sie das Motiv meist im Sucher, denn Sie blicken durch das voll aufgeblendete Objektiv: die Schärfentiefe ist gering. Bei einigermaßen gutem Licht wird sich jedoch eine mehr oder weniger kleinere Arbeitsblende ergeben – und plötzlich reicht die Schärfentiefe viel weiter in den Hintergrund als zu-

fenebene wird (außer bei sehr kurzen Brennweiten) deutlich sichtbar, eine präzise Fokussierung überhaupt erst so möglich. Zudem kommt die Lichtstärke des Objektivs voll der Helligkeit des Sucherbildes zugute.

Wenn Sie nicht gerade mit einem der heute bei den Herstellern so beliebten Sparobjektive mit Boxkamera-Lichtstärke fotografieren, wird sich für die Aufnahme jedoch bei gutem

nächst im Sucher wahrgenommen (rechts). Die Patentlösung der EOS 5: Schnelle augengesteuerte Abblendung auf Arbeitsblende durch Blick auf die Visiermarke in der linken oberen Ecke des Sucherbildes.

Licht fast immer eine kleinere als die volle Öffnung ergeben. Und was passiert? Die Schärfentiefe wird größer. Stand Ihr Modell im Sucher plastisch vor einem unscharfen Hintergrund, ist die Schärfentiefe im Bild unversehens größer – und der Hintergrund wird schärfer, konkurriert stärker mit dem, was eigentlich Ihr Hauptobjekt war. Einfachste Abhilfe (wie sie durchaus nicht in allen Kameras möglich ist): Auf Arbeitsöffnung abblenden. Dann decken sich Sucher- und Filmbild; Sie sehen sofort, ob sich das Hauptobjekt noch gegen einen womöglich unerwünschten Hintergrund durchsetzen kann oder nicht. Dann können Sie bei Bedarf leicht für eine größere Arbeitsblende sorgen, indem Sie die variable Grundkomponente ändern (Zeit- bzw. Blendenautomatik) oder das Programm verschieben (Programmautomatik).

Die Abblendung bleibt erhalten, solange Sie den Auslöser angetippt halten. Natürlich verringert sich die Sucherhelligkeit je nach Größe des verbleibenden »Lochs«, der Blendenöffnung. Sind Sie mit dem Ergebnis zufrieden, drücken Sie den Auslöser zur Aufnahme voll durch. Andernfalls geben Sie ihn frei und ziehen die Notbremse, wie bereits beschrieben.

Das neue Belichtungsmeßsystem

Bevor sich alles um Autofokus drehte, war es die Belichtung, die im Mittelpunkt des Interesses stand, denn strenggenommen ist es schließlich jene Dosis Licht, die das Bild auf dem Film hervorruft. Zwar ist schon eine beachtliche Zahl moderner Filme recht tolerant geworden gegenüber einem Zuviel oder Zuwenig an Licht, doch zum Beispiel bei Diafilmen bringt nach wie vor nur präzise Belichtung gute Ergebnisse.

Um die Hintergründe zu verstehen, sollten wir uns zunächst klarmachen, in welchen Punkten die Kamera anders »sieht« als unser Auge: Dieses tastet die Szene unermüdlich ab – und stellt dabei die »Belichtung« durch Öffnen oder Schließen der Pupille laufend nach – wir adaptieren. Die Kamera besitzt zwar auch eine »Pupille«, die Blende nämlich, doch eine fortlaufende Abtastung bleibt ihr verwehrt. Sie muß sich – meist in einem Sekundenbruchteil – auf eine Belichtung für das *gesamte* Bild festlegen. Und damit fangen die Probleme an.

Oft genug ist der Kontrast – der Unterschied zwischen Lichtern und Schatten im Bild – so groß, daß ihn der Film nicht mehr bewältigen kann. Folglich bleibt dem Fotografen nur ein Kompromiß. Er muß sich entweder für das eine oder das andere entscheiden. Belichtet er auf die Schatten, werden die

**Belichtungsmesser
sind auf neutralgraue
Flächen geeicht**

Lichter ausgefressen. Belichtet er auf die Lichter, saufen die Schatten ab, wie man in der Fachsprache sagt.

Und noch etwas bleibt zu berücksichtigen: die Vorgabe für das Meßsystem, was es denn nun als »normal« ansehen soll. So eicht man die Belichtungsmesser moderner Kameras einheitlich auf 18% Neutralgrau. Mit anderen Worten, eine neutralgraue Fläche, die 18% des auftreffenden Lichts reflektiert, wird im Bild mit gleicher Dichte wiedergegeben.

Doch nun schauen Sie sich mal die Praxis an. Da steht ein winziges Männlein verloren in einer in gleißendes Licht getauchten Schneelandschaft. Der Belichtungsmesser ist ein sturer Beamter. Für ihn ist das, was man ihm da vorsetzt, 18% Neutralgrau. Logisch, daß bei dieser Vorgabe eine saftige Unterbelichtung herauskommt, denn der Belichtungsmesser trimmt den weißen Schnee auf »Neutralgrau«.

Oder Sie fotografieren eine in einem schmalen Lichtkegel stehende Person auf der Bühne, umgeben von einem großen, schwarzen Umfeld. Und wieder mischt der Belichtungsmesser das Hell und Dunkel, zieht den Durchschnitt und sieht ihn als 18% Neutralgrau an. Genauso zeigt sich das Bild: Die Person im Lichtkegel überbelichtet, das schwarze Umfeld aufgehellt, grau.

Das sind die Sorgen des Fotografen. Sie zu lindern, hat die Industrie sich einiges einfallen lassen. Man entwickelte die unterschiedlichsten Meßcharakteristika, jene Verteilung der Zonen verschiedener Empfindlichkeit, die letztlich zum Meßergebnis führen. Und man ging noch wesentlich weiter, wie wir gleich sehen werden.

Die EOS 5 hat drei verschiedene Meßcharakteristika zu bieten, zwischen denen Sie allerdings nur in den Kreativprogrammen frei wählen können. In den vollautomatischen Programmen im unteren Bereich der Wählscheibe werden Ihnen Fertiggerichte serviert, die sämtliche Zutaten bereits beinhalten.

*Linke Seite:
Die neue Mehrfeldmessung ist sehr flexibel. Durch die Verknüpfung mit dem jeweils aktiven Meßfeld (das zum Meßschwerpunkt wird) kann sich jedoch bei bewußt mit der Belichtung gestalteten Aufnahmen eine Abweichung von der gewünschten Stimmung ergeben, die die Kamera natürlich nicht ahnen kann. Ich würde Ihnen deshalb im Zweifelsfall empfehlen, zuerst eine Aufnahme mit Mehrfeldmessung zu machen und erst dann zur bewußten »Gestaltung« überzugehen. Die praktischen Vergleiche werden Ihnen bald eine gute Vorstellung vom Leistungsvermögen der Mehrfeldmessung und damit klare Richtlinien für zukünftige Aufnahmesituationen geben.
Kodak Ektachrome.*

Die neue Mehrfeldmessung

Bei der überwiegend eingesetzten Meßcharakteristik handelt es sich um eine Form der Mehrfeldmessung, die sich auf verschiedene Meßsektoren stützt. Jeder dieser Sektoren wird getrennt ausgemessen. Die Ergebnisse werden vom Kameracomputer mit ausgeklügelten Vorgaben verglichen. So kann die Kamera bei schwierigen Beleuchtungsverhältnissen das tun, was ein gewiefter Fotograf sonst als Eigenleistung beisteuert: korrigierend eingreifen. Bei Gegenlicht, zum Beispiel, wird sie automatisch für eine etwas längere Belichtung sorgen.

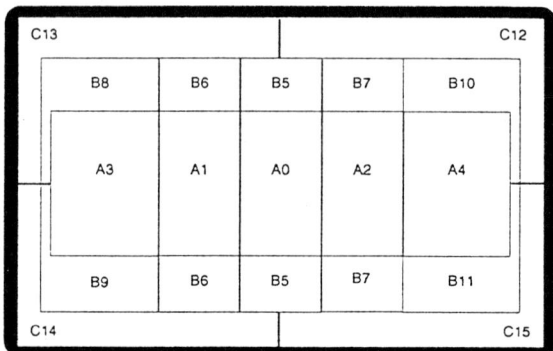

In 16 verschiedenen Sektoren mißt die EOS 5 bei Mehrfeldmessung die Motivhelligkeit. Diese feine Unterteilung ermöglicht der Kamera die Erkennung schwieriger Lichtverteilungen, so daß der Zentralcomputer die Einstelldaten automatisch korrigieren kann.

Auch in den zuvor geschilderten Extremfällen wird sie sich bemühen, gegenzusteuern – allerdings nur in Grenzen. Denn wirkliche Extreme lassen sich auch mit Mehrfeldmessung nicht meistern. Immerhin, Ihre Trefferquote wird bei normalen Aufnahmen höher sein als ohne den »eingebauten Fachmann«.

Die Mehrfeldmessung ist primär für unbeschwertes Fotografieren mit Programm- oder Vollautomatik bestimmt, jedoch gleichermaßen für Blenden- oder Zeitautomatik geeignet. In der großen Mehrzahl der Fälle garantiert sie präzise Belichtung. Weniger gut geeignet ist sie, wenn Sie eine bewußte Belichtungskorrektur anbringen möchten, denn Sie wissen nicht, welche automatische Korrektur bereits in die Belichtungseinstellung eingegangen ist, so daß das Maß der erforderlichen, zusätzlichen Beeinflussung nur schwer kalkulierbar ist.

Auch die Art der Mehrfeldmessung in der EOS 5 hat sich grundlegend geändert. Zunächst setzt Canon eine Silicium-Fotodiode ein, die in sechszehn verschiedene Meßsektoren unterteilt ist. Dabei entsprechen die zentralen fünf der Lage der fünf AF-Meßfelder, und Sie merken schon, daß hier eine Verbindung besteht zwischen Autofokus- und Belichtungsmeßsystem.

Die Belichtungsmessung ist mit AF gekuppelt

In der Tat hat das AF-System entscheidenden Einfluß auf die Gewichtung der Belichtungsmeßwerte. Automatisch verschiebt die Kamera nämlich den Meßschwerpunkt zum jeweils aktiven AF-Meßfeld und möchte damit sicherstellen, daß sich die Belichtung primär an dem für die Fokussierung herangezogenen Detail orientiert, denn man sagte sich, daß dies wohl das Hauptobjekt sein müßte. Dies ist eine der wichtigsten Neuerungen gegenüber bisherigen EOS-Modellen.

Als Besonderheit berücksichtigt die Kamera sogar das Aufnahmeformat: hoch oder quer. Im Hochformat wendet sie andere Meßalgorithmen an als im Querformat – ein Beweis dafür, daß wir immer mehr abrücken von sturer Automatik und

Das Belichtungsmeßsystem folgt gewissermaßen der Blickrichtung des Auges und damit der Lage des – von der Kamera vermuteten – Hauptobjekts, auf dem nämlich die Schärfe liegt. So liegt der Meßschwerpunkt für die Belichtung auf dem jeweils aktiven AF-Meßfeld sowie darüber und darunter.

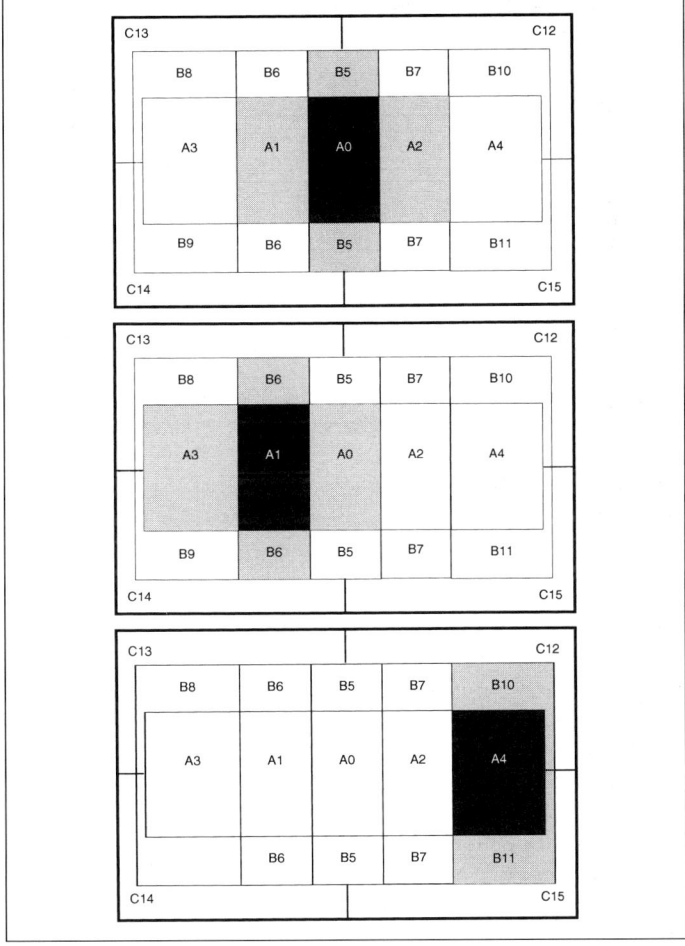

die Entwicklung inzwischen so weit fortgeschritten ist, daß sich das Hauptaugenmerk heute darauf richtet, diese Automatik so flexibel wie möglich zu machen. Erst damit nämlich läßt sich die Trefferquote deutlich erhöhen.

Ich würde Ihnen empfehlen, die Kamera anfangs bewußt ausschließlich mit Mehrfeldmessung einzusetzen und deren Grenzen abzutasten. Wenn Sie sich aus eigener Praxis einen Überblick verschafft haben, was die Kamera mit dieser Meßcharakteristik leistet, wird es Ihnen leichtfallen, für besondere Zwecke oder in Extremfällen eine der beiden alternativen Meßcharakteristika zu wählen – und gekonnt einzusetzen. Sollten Sie in dieser Einarbeitungsphase einmal Zweifel haben, ob die Mehrfeldmessung eine bestimmte Lichtsituation schafft oder nicht, empfiehlt sich in jedem Fall eine Kontroll-

Die Mehrfeldmessung ist außerordentlich flexibel

aufnahme mit dieser Meßcharakteristik auch dann, wenn Sie sich im Prinzip für eine der beiden anderen Charakteristika entscheiden. Mit derartigen Beispielen aus der Praxis werden Sie in kurzer Zeit sehr zielsicher zu differenzieren lernen zwischen den Vor- und Nachteilen der einzelnen Meßcharakteristika.

In Extremfällen liefern Kontrollaufnahmen mit Mehrfeldmessung interessantes Anschauungsmaterial

Bei eingeschalteter Kamera muß in der linken, unteren Ecke des Monitors das angedeutete Format mit Kreis und Punkt zu sehen sein, wenn Mehrfeldmessung gewählt ist. Sollte dies nicht der Fall sein, drücken Sie die mit demselben Symbol gekennzeichnete Taste auf der Rückwand und drehen gleichzeitig das Einstellrad, bis diese Anzeige herbeigeführt ist.

Die mittenbetonte Integralmessung

Immer mehr moderne Kameras kommen auf die gute, alte Integralmessung mit Mittenbetonung zurück, wie sie vor dem Zeitalter der Autofokus-Kameras gang und gäbe war. Hier verringert sich die Meßempfindlichkeit von der bildbestimmenden Mitte aus zunehmend zu den Rändern, so daß zum

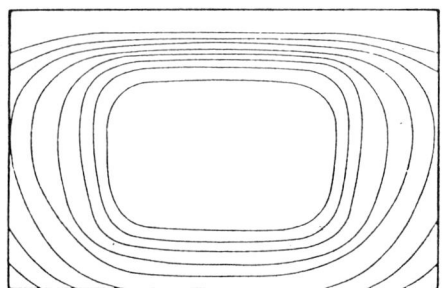

Ähnlich Zwiebelringen legen sich die Zonen nach außen abnehmender Meßempfindlichkeit bei der mittenbetonten Integralmessung über das Bildfeld. Die Abflachung im oberen Bereich des Querformats, das den meisten Aufnahmen zugrunde liegt, dämpft helles Himmelslicht. Bei Hochaufnahmen hingegen heißt es bei dieser Meßcharakteristik ein wenig aufpassen, denn ebendiese Dämpfung entfällt, und es ergibt sich eine deutlich kürzere Belichtung, wenn sich an dieser Stelle sehr helle Himmelspartien befinden.

Beispiel das meist zu helle Himmelslicht kein Übergewicht bekommt. Diese Meßcharakteristik hat sich im Grunde gut bewährt, solange der Fotograf um ihre Grenzen weiß und in diesen Fällen bewußt gegensteuert.

Sie mögen sich fragen, wozu diese Meßcharakteristik gut sein soll, wenn Sie doch die Weiterentwicklung in Form der Mehrfeldmessung haben. Nun, für den engagierten Fotografen ist sie nach wie vor von großer Bedeutung. Sobald Sie nämlich die Belichtung bewußt in die eine oder die andere Richtung steuern, bietet die *nicht*korrigierte Messung günstigere Voraussetzungen. Denn die Korrektur wollen schließlich Sie selbst anbringen. Und dazu brauchen Sie bekannte Meßgrößen. Bei der Mehrfeldmessung wissen Sie nicht, welche

Korrektur die Kamera letzten Endes einführt. Die mittenbetonte Integralmessung ist in diesem Sinn »unverfälscht« und folglich genau kalkulierbar. Hier können Sie auf der Grundlage dessen, was wir zur Eichung und zum Verhalten von Belichtungsmessern gesagt hatten, präzise entscheiden, in welche Richtung und um wieviel Sie gegensteuern sollten, um ein gewünschtes Ergebnis zu erzielen. Damit übernehmen Sie die Rolle des bei der Mehrfeldmessung »eingebauten Fachmanns« – mit dem Vorteil, daß Sie mit ein wenig Geschick noch feinfühliger reagieren können als die Automatik und auch stärkere Abweichungen leicht bewältigen.

Die Spotmessung

Erst mit Meßwertspeicherung wird Spotmessung sinnvoll. Die entsprechende Taste befindet sich rechts oben, unter dem LCD-Monitor.

Für besonders kontrastreiche Szenen bietet Ihnen Canon die Spotmessung über eine Fläche von etwa 3,5 % des Sucherfeldes, konzentrisch angeordnet um den Kreuz-Sensor in Suchermitte. Und damit läßt sich die Belichtung schon sehr exakt auf kleine Details abstimmen, die bildbestimmend oder in ihrer Helligkeit repräsentativ für das Motiv sind. Der Auswahl der anzumessenden Fläche kommt dabei allerdings große Bedeutung zu, weshalb sich die Spotmessung mit Sicherheit nicht für den Anfänger eignet. Er würde weitaus schlechtere Ergebnisse erzielen als selbst mit einer einfachen Belichtungsautomatik, denn die 3,5 Prozent des Suchergesichtsfeldes verlangen eine genaue Entscheidung, welches Motivdetail der Belichtung zugrunde gelegt werden soll. Verfügen Sie jedoch über die nötige Sachkenntnis, um diese Entscheidung fachgerecht zu treffen, eröffnet die Spotmessung ungeahnte Möglichkeiten.

Das Meßverfahren ist einfach: Zentrales AF-Meßfeld mit dem für die Belichtungsmessung maßgeblichen Detail zur Deckung bringen und die mit einem Sternchen gekennzeichnete Speichertaste unter dem LCD-Monitor drücken. Damit wird der Meßwert gespeichert, und Sie können die Speichertaste wieder freigeben. Nach dem Schwenk auf den gewünschten Ausschnitt fokussieren Sie mit einem beliebigen AF-Meßfeld und lösen aus. Sollten Sie zur Bildgestaltung länger als sechs Sekunden brauchen, schalten die Meßsysteme ab, und die Speicherung wird gelöscht. Verlängern können Sie die Einschaltdauer, indem Sie entweder den Auslöser angetippt halten oder zwischendurch einmal kurz antippen.

Die Schaltung auf Spotmessung bleibt erhalten, auch wenn Sie die Kamera ausschalten (L) oder die Wählscheibe vorübergehend auf eines der vollautomatischen Programme im unteren Bereich drehen.

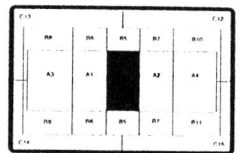

Das Spot-Meßfeld ist konzentrisch um den Kreuz-Sensor in der Mitte des Suchergesichtsfeldes angeordnet. Seine Größe entspricht etwa 3,5% des Sucherfeldes.

Belichtungsfunktionen für jeden Zweck

An Belichtungsfunktionen mangelt es der EOS 5 wahrlich nicht. Ganze 12 Belichtungsprogramme und zwei Formen der Blitzautomatik stehen zur Verfügung. Sie können folglich genügend Zeit damit verbringen, sich zu überlegen, worauf Sie denn nun eigentlich schalten sollten...

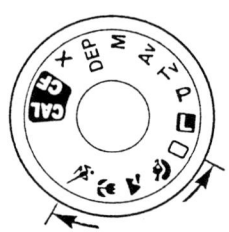

Die Wählscheibe ist das zentrale Einstellelement für die zahlreichen verschiedenen Betriebsarten der Kamera.

Schauen wir uns zunächst den unteren Bereich der Wählscheibe mit seinen automatischen Belichtungsprogrammen an. Wenn Sie die Wählscheibe auf das grüne Rechteck drehen, haben Sie die Kamera eingeschaltet – und dürfen (geistig) abschalten. In dieser Stellung vollzieht sich alles automatisch, und Sie haben kein Mitspracherecht.

Ein Blick auf den Monitor zeigt Ihnen bereits, was Sie erwartet: Zur Belichtungsautomatik (die der Programmautomatik (P) entspricht) gesellen sich Mehrfeldmessung, Einzelbildschaltung und eine Besonderheit, nämlich *beide* Spielarten der automatischen Scharfeinstellung in Form von AI FOCUS. Das heißt nichts anderes, als das die Kamera nach eigenem Ermessen zwischen »Ruhe« und »Bewegung« umschaltet, wenn sie die Letztere im Motiv wahrnimmt. Das Blitzgerät wird bei Bedarf automatisch ausgefahren, gezündet und wieder eingeklappt. Und damit Ihnen auch musikalischer Genuß nicht verwehrt bleibt, ist der »piepende Pieper« unwiderruflich eingeschaltet.

Jetzt dürfen Sie lustig drauflosfotografieren, ohne sich – außer der Brennweiteneinstellung (eines Zoomobjektivs) und der Bildgestaltung – um weitere Details zu kümmern. Beim Antippen des Auslösers erfolgen die automatische Scharf- und Belichtungseinstellung. Beide bleiben bis zur Freigabe des Auslösers gespeichert. Erst bei erfolgter Scharfeinstellung leuchtet der Schärfenindikator unter dem Sucherbild auf, und der Auslöser wird zum vollen Druck freigegeben. Gleichzeitig meldet ein kurzer Signalton »freie Fahrt«. Rührt sich etwas vor der Kamera, schaltet diese auf Auslösepriorität und verfolgt das Objekt mit der Scharfeinstellung, solange der Auslöser angetippt bleibt. Signalton gibt es dann keinen mehr, und auslösen dürfen Sie, wann immer Sie wollen – also auch vor gelungener Scharfeinstellung.

Im Sucher sehen Sie bei angetipptem Auslöser die von der Kamera gewählte Verschlußzeit und Blende, so daß Sie zumindest wissen, was das Knipsmaschinchen tut. Sinkt die Verschlußzeit unter jene Grenze ab, bis zu der sich bei der Aufnahmebrennweite Aufnahmen aus der Hand noch einigermaßen verwacklungsfrei realisieren lassen, ertönt ein doppelter Signalton, und kurz darauf klappt automatisch das einge-

Die Sucheranzeige gibt jederzeit Aufschluß über die Einstelldaten

baute Blitzgerät aus. Diese Blitzunterstützung hat natürlich nur bei relativ nahen Motiven Sinn, doch dies vermag die Kamera nicht mehr zu unterscheiden. So kommt es unter Umständen zu unsinnigen, verpufften Blitzen, wenn Sie zum Beispiel mit einer etwas längeren Brennweite eine relativ düstere Szene anpeilen – und Ihnen die so intelligente Automatik eben doch eine Unterbelichtung beschert! Denn sie tut so, als könnte ihr Blitz etwas ausrichten, während er sich in Wirklichkeit völlig vergeblich bemüht. Das müssen Sie als Zugeständnis an das sonstige »Abschaltendürfen« in Kauf nehmen.

Bei Vollautomatik können automatische Blitze zur Fehlbelichtung führen

Es sei denn, Sie passen ein wenig auf und klappen das Blitzgerät – *ohne den Auslöser freizugeben!* – vor der Auslösung wieder ein. Dann piept der piepende Pieper zwar unablässig Alarm, doch Sie kommen zu einer einwandfreien Belichtung. Allerdings sollten Sie sich nach einer festen Unterlage umsehen, denn sonst würde die Aufnahme verwackelt.

Das Motivprogramm Porträts

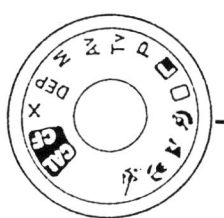

In diesem Programm ist die Kamera auf Schärfenpriorität (ONE SHOT), Reihenbilder (!), Mehrfeldmessung, automatische Blitzzündung und zwangsverordneten »Pieper« geschaltet.

Das Programm setzt die Verwendung einer längeren Brennweite als 50 mm voraus. Es geht ferner davon aus, daß in der Porträtfotografie geringe Schärfentiefe gefragt ist, um allein das Modell wirken zu lassen und den Hintergrund möglichst weitgehend in Unschärfe zu tauchen. (Aus diesem Grund sollten Sie das Modell auch möglichst weit vor einem Hintergrund aufstellen, damit dieser in den Unschärfenbereich fällt. Also bitte *nicht* die Wand oder den Strauch unmittelbar hinter dem Kopf!)

Porträts verlangen überwiegend große Blendt

Zur Erzielung geringer Schärfentiefe öffnet der gewitzte Fotograf die Blende möglichst weit, und so basiert das Programm auf praktisch voller Öffnung. So erfolgt eine Abblendung erst, wenn der volle Verschlußzeitenbereich bis 1/8000 s ausgeschöpft ist und sich sonst eine Überbelichtung ergeben würde.

Mehrfeldmessung garantiert in allen einigermaßen normalen Situationen einwandfreie Belichtung. Schärfenpriorität mit Speicherung läßt Sie präzise auf die Augen fokussieren und dann den endgültigen Ausschnitt wählen. Daß Canon Porträts allerdings an die Reihenbildschaltung knüpft, stellt etwas hohe Anforderungen an unser Verständnis. Wenn Sie also die Oma vor der Laube ablichten, erwartet Sie bei anhaltendem Druck

Bei Porträts ist geringe Schärfentiefe gefragt, damit sich das Modell vorteilhaft gegen einen unscharfen Hintergrund abhebt. Deshalb steuert das Porträtprogramm große Blenden ein. Je länger die Aufnahmebrennweite, um so stärker der Schärfenabfall zum Hintergrund.

auf den Auslöser in jeder Sekunde bis zu dreimal dasselbe lächelnde Gesicht. Bei den letzten Bildern mag es einen Anflug von Verwunderung zeigen ob des Maschinengewehrfeuers, das Oma ja nun wirklich nicht erwartet hatte. (Wir auch nicht!)

So hat es also keinen Zweck. Da muß sich schon sehr viel tun vor der Kamera, um Reihenbilder zu rechtfertigen – und mit »Porträt« schlechthin assoziert man derartige Bewegung eigentlich nicht. Im Stile der professionellen Modefotografie wäre es denkbar, daß ein vor der Kamera agierendes Modell auf diese Weise aus der Bewegung heraus festgehalten wird (wozu freilich ein Teleobjektiv nicht sonderlich gut taugt). Da die Kamera vor jeder Belichtung neu fokussiert, wäre der Bewegung in dieser Beziehung Rechnung getragen. Für jede normale Porträtsituation jedoch bleibt letztlich nur die Empfehlung, den Motor durch feinfühligen Druck entsprechend zu zügeln. Und denken Sie bei der automatischen Scharfeinstellung daran, daß die Fokussierung auf den Augen liegen muß! Denn ein Porträt mit unscharfen Augen taugt nur noch für den Papierkorb.

Im Porträtprogramm ist die Kamera auf Reihenbilder geschaltet!

Das Motivprogramm Landschaft

Landschaftsaufnahmen werden oft mit kleiner Blende gemacht

In diesem Programm ist die Kamera auf Schärfenpriorität, Einzelbilder und Mehrfeldmessung und »Pieper« geschaltet.

Das Programm basiert auf der verallgemeinernden Annahme, daß Landschaftsfotografie mit Weitwinkelobjektiven Hand in Hand geht. Dies mag in vielen Fällen zutreffen, ist jedoch nicht unbedingt bindend. Denn immer wieder wird der gewitzte Fotograf auch zu längeren Brennweiten greifen, vielleicht um Zugang zu Motiven zu gewinnen, die ihm räumlich sonst verschlossen blieben, oder um typische Details einer Landschaft zu isolieren und gewissermaßen stellvertretend für das Ganze sprechen zu lassen. Dann allerdings schlagen Sie sich mit diesem Motivprogramm selbst ein Schnippchen, denn sinnvoll wirken kann es nur mit kurzen Brennweiten. Sobald Sie längere Brennweiten als 50 mm in der Landschaft einsetzen möchten, dürfen Sie dieses Programm nicht mehr als »Landschafts-«Programm verstehen und sollten besser auf eines der Normalprogramme schalten.

In der Weitwinkel-Landschaftsfotografie – so setzt das Programm voraus – ist meist große Schärfentiefe gefragt. Deshalb stellt es grundsätzlich keine größere Blende ein als 5,6. Wieder ergibt sich der Umkehrschluß, daß Sie dieses Programm auch mit kurzbrennweitigen Objektiven nicht einsetzen sollten, wenn Sie die Schärfentiefe in Einzelfällen enger begrenzen möchten. Dann würde sich das Normalprogramm Av (Zeitautomatik) besser eignen. Oder aber Sie schalten auf die Schärfentiefenautomatik DEP und legen die Grenzen der Scharfabbildung präzise dorthin, wo Sie sie haben möchten. (Damit wären Sie, sofern der scharf abzubildende Vordergrund relativ nah ist, zweifellos am besten bedient.)

Für Landschaftsaufnahmen verwendet man oft eine kurze Brennweite und kleine Blende, um auch den – bildwichtigen! – Vordergrund noch möglichst scharf abzubilden. Diesen Wünschen kommt das Landschaftsprogramm durch Einstellung entsprechend kleiner Öffnungen entgegen.

Schärfenpriorität gibt Ihnen wieder die Möglichkeit der Ersatzmessung, wenn sich das für die Entfernungseinstellung wichtige Objekt im endgültigen Ausschnitt nicht genau mit einem der Meßfelder deckt.

Das Motivprogramm Nahaufnahmen

In diesem Programm ist die Kamera auf Schärfenpriorität, Einzelbilder, Spotmessung, »Pieper« und automatische Blitzzündung geschaltet.

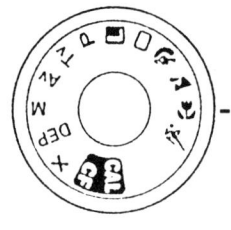

Das Programm ist auf die Makro-Einstellung der EF-Zoomobjektive abgestimmt und soll Ihnen die bildmäßige Nahfotografie (Blumen, Kleintiere usw.) erschließen. Für Reproduktionen hingegen ist es nicht gedacht.

Zur Gewährleistung entsprechender Schärfentiefe, jedoch ohne Scharfabbildung des Hintergrunds, entspricht der Programmverlauf dem Landschaftsprogramm. Das heißt, die Ka-

Wegen der im Nahbereich außerordentlich geringen Schärfentiefe blendet das Nahaufnahmeprogramm möglichst weit ab. Kontrollieren Sie trotzdem die Lage der Schärfenebene sehr genau auf der Mattscheibe, denn schon die geringste Kamerabewegung nach der Fokussierung genügt meist, um die Schärfenebene deutlich auswandern zu lassen.

mera blendet nie weiter auf als 5,6. Erst bei reichlich Licht werden die Blende zunehmend geschlossen und die Verschlußzeit verkürzt.

Auch bei Blitzaufnahmen bleibt die größte Blende auf 5,6 begrenzt, damit sich zumindest mittlere Schärfentiefe ergibt. Denn im Nahbereich wird Schärfentiefe zur Mangelware! Je stärker Sie sich einem Objekt nähern, um so mehr schmilzt sie zusammen und erreicht zum Schluß Werte von nur noch Millimetern bzw. Millimeterbruchteilen. Selbst Abblendung ändert daran nicht mehr allzuviel. Achten Sie deshalb bei Nahaufnahmen besonders sorgfältig darauf, daß Sie die Kamera nach der automatischen Fokussierung *absolut* ruhig halten!

Schon ein geringes Vor- oder Zurückgehen verlagert die Schärfenebene im Bild deutlich. Insofern erfordert es einige Übung – und eine Portion Glück –, den Bildausschnitt nach der Fokussierung (und damit auch Speicherung der Belichtungseinstellung) zu verändern, ohne daß die Lage der Schärfenebene davon in Mitleidenschaft gezogen wird.

Nahaufnahmen mit Meßwertspeicherung können mit AF Probleme aufwerfen

Für Nahaufnahmen vom Stativ eignet sich dieses Programm nur dann, wenn sich das für die Schärfe bildwichtigste Detail mit einem der AF-Meßfelder deckt. Ist dies nicht der Fall, haben Sie es leichter, wenn Sie z.B. auf Av (Zeitautomatik) schalten, eine mittlere Blende vorwählen und AF abschalten, damit Sie von Hand nach dem Bildeindruck auf der Sucherscheibe fokussieren können, ganz gleich, wo das bildwichtigste Detail innerhalb des Formats liegt.

Das Motivprogramm Action

In diesem Programm ist die Kamera auf Auslösepriorität, Reihenbilder mit max. 5 B/s, Mehrfeldmessung und Signaltöne geschaltet.

Canon spricht in diesem Zusammenhang gern von »Sport«, doch scheint mir dieser Begriff zu eng gefaßt. Denn letztlich eignet sich dieses Programm für jede Situation, in der es bewegt zugeht. Und das schließt balgende Kinder ebenso ein

Das sogenannte »Sport«-Programm sollte nicht mißverstanden werden, denn es ist für schlicht jede Situation geeignet, in der es bewegt hergeht. Und dazu zählen spielende Kinder oder balgende Hunde mindestens ebenso wie rasende Rennwagen oder Luftsprünge vollführende Fußballer.

wie spielende Hunde oder die Verfolgung eines in ständiger Bewegung befindlichen Tieres im Zoo.

Mehr oder weniger schnelle Bewegung läßt sich nur mit möglichst kurzen Verschlußzeiten scharf wiedergeben. So bemüht sich dieses Programm, Ihnen durch betont kurze Zeiten gute Chancen hierfür zu geben. Je höher dabei die Empfindlichkeit des verwendeten Films, um so länger kann Sie die Kamera mit ausreichend kurzen Zeiten unterstützen.

Wieder bleibt zu berücksichtigen, daß dieses Programm ungeeignet ist, sobald sich die Voraussetzungen ändern:

Möchten Sie Bewegung zum Beispiel gezielt unscharf darstellen, sollten Sie besser auf das Normalprogramm Tv (Blendenautomatik) schalten, in dem Sie die Verschlußzeit präzise auf die Verhältnisse abstimmen können.

Das Action-Programm steuert möglichst kurze Verschlußzeiten ein und eignet sich damit hervorragend für jede Art sportlicher Betätigung, die unweigerlich mit mehr oder weniger schneller Bewegung einhergeht.

Automatisch schaltet das Programm die EOS auf Auslösepriorität, damit die Scharfeinstellung schnellbewegten Objekten laufend folgen kann. Gleichzeitig steht damit die Dynamik des Autofokus-Systems zur Verfügung, die sich automatisch zuschaltet, sobald ein Objekt mit konstanter, nennenswerter Geschwindigkeit auf Sie zukommt oder sich von Ihnen entfernt. Es versteht sich, daß Sie den Auslöser bei der Verfolgung des Motivs angetippt halten müssen, damit das Autofokus-System arbeiten kann. Erst zur Belichtung drücken Sie den Auslöser bis zur zweiten Stufe durch.

In Verbindung mit der Auslösepriorität bietet sich natürlich die Schaltung des Transportmotors auf Dauerlauf an, wie sie die Kamera bei Einstellung dieses Programms automatisch wählt. Das heißt im Klartext, daß ein voller Druck auf den Auslöser im günstigsten Fall zur Belichtung von fünf Bildern in der Sekunde führt. Mehrfeldmessung greift bei schwierigen Lichtverhältnissen korrigierend ein, so daß Sie in weiten Grenzen mit einwandfrei belichteten Aufnahmen rechnen können.

Auslösepriorität mit Dauerlauf gekoppelt

Belichtung »kreativ«

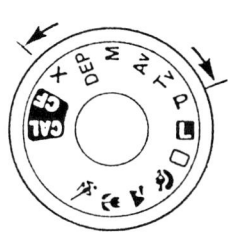

Die Kreativprogramme auf der Wählscheibe

Nach den Fertiggerichten nun die Menüs à la carte. Denn Vollautomatik ist sicher nicht jedermanns Sache. Selbst wenn Sie zunächst die Kamera allein wirken lassen – irgendwann werden Sie zu der Überzeugung kommen, daß Sie die Automatik nun genügend an die Hand genommen hat und Sie ganz gern ein wenig mehr Mitspracherecht hätten. Ohne dabei Komfort aufzugeben, versteht sich. Denn das ist ja gerade das Schöne an den im folgenden behandelten Programmen, daß sie Automatik und bewußte Einflußnahme miteinander verbinden. So sollte man auch nicht in den Fehler verfallen, diese Belichtungsprogramme als »kompliziert« anzusehen. Sie sind es nicht. Im Gegenteil, sie bieten Präzision und Vielseitigkeit mit Bedienungskomfort.

Jetzt bewegen wir uns – von der Abschaltstellung »L« ausgehend – im oberen Bereich der Wählscheibe und wollen die einzelnen Betriebsarten »in der Reihenfolge ihres Auftretens« unter die Lupe nehmen. Für den gesamten oberen Bereich der Wählscheibe gilt, daß das eingebaute Blitzgerät *nicht* automatisch ausgeklappt und gezündet wird, wenn die Verschlußzeit unter die Verwacklungsgrenze absinkt! Es muß durch Druck auf die Blitztaste (rechts neben der Wählscheibe) ausgeklappt und eingeschaltet werden. Solange es ausgeklappt ist, zündet es dann bei jeder Aufnahme, bis Sie es wieder einklappen.

Brennweitenabhängige Programmautomatik (P)

Vorteile der Programmautomatik

- Die Kamera macht die ganze Arbeit.
- Sie können sich voll auf die Bildgestaltung konzentrieren.
- Enorm hohe Schußbereitschaft.
- Ideal für »bewegte« Szenen.
- Lichtwertverschiebung gestattet volle Nutzung der Automatik plus Einflußnahme auf die Bildwirkung (Schärfentiefe und Konturenschärfe).

Zum Einsteigen – bzw. »Faulenzen« – lockt die EOS 5 mit einer Programmautomatik, die selbständig Zeit und Blende mischt. Immer wieder findet sich im Zusammenhang mit dieser Programmautomatik der Begriff der »Intelligenz«. Doch was sie angeblich intelligent macht, ist allein die Tatsache, daß sie sich auf die Brennweite des verwendeten Objektivs einstellt (bei einem Zoomobjektiv auch auf die jeweilige Brennweiteneinstellung) und bis zum Erreichen der entsprechenden Verwacklungsgrenze bei Aufnahmen aus der Hand zunächst primär die Blende öffnet, so daß die Objektivlichtstärke durchaus praxisgerecht optimal genutzt wird. Das ist zweifelsohne sehr lobenswert, hat aber wohl mehr mit der Intelligenz der Konstrukteure zu tun.

Diese Programmautomatik ist – das muß man zugeben – so bequem, daß selbst engagierte Hobbyfotografen in einer ganzen Reihe von Situationen auf »P« schalten. Insbesondere bei Schnappschüssen im Familienkreis, auf Parties, Ausflügen usw. lernt man die Annehmlichkeiten dieser technisch unbeschwerten Art der Fotografie schnell schätzen. Verstärkt wird dieser Eindruck noch bei Blitzaufnahmen, sei es mit dem eingebauten Blitzgerät oder mit einem der System-Blitzgeräte zur EOS 5, und zwar nicht nur im Schutze der Nacht, sondern auch bei Tage, zum Aufhellen von Schatten. Recht eindrucksvoll nämlich mischt die EOS vorhandenes und Blitzlicht, ohne daß Sie sich um technische Details kümmern müßten.

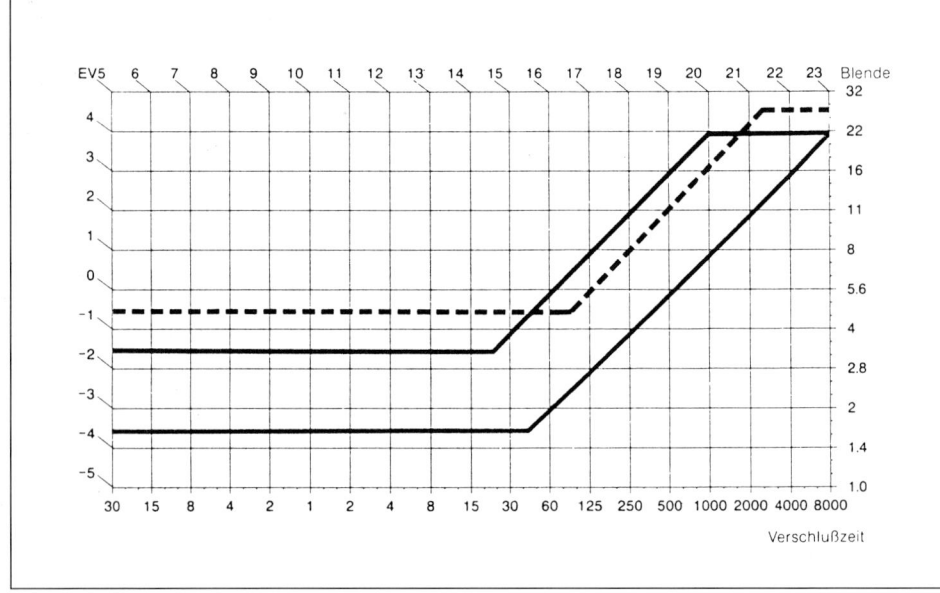

Doch Achtung: Filmempfindlichkeit, Filmtyp (Dia- oder Negativfilm) und Lichtstärke des Objektivs in der verwendeten Brennweiteneinstellung (wenn wir an ein Zoomobjektiv denken) bestimmen die Reichweite des Blitzes! (Siehe Blitzkapitel.) Blitz bietet folglich nur im relativen Nahbereich einen Ausweg. Verfallen Sie bitte nicht in den Fehler, relativ weit entfernte Dinge blitzen zu wollen, wie man es zum Beispiel bei Veranstaltungen immer wieder beobachten kann. Krasse Unterbelichtung wäre die unausbleibliche Folge.

Kurvenverlauf der Programmautomatik. Gestrichelte und obere ausgezeichnete Linie: mit EF 1:3,5-4,5/28-105 mm. Untere ausgezeichnete Linie: mit EF 1:1,8/50 mm.

Gestattet das Motiv keinen Blitzeinsatz, müssen Sie sich nach einer stabilen Unterlage für die Kamera umsehen – oder notfalls lieber auf eine Aufnahme verzichten. Denn irgendwo hört der Spaß ganz einfach auf.

Ein Blinken beider Komponenten – Zeit und Blende – meldet das Bereichsende: Die Kamera hat die Grenzwerte von Verschlußzeit und Blende erreicht. Bei schwachem Licht bleibt Ihnen bestenfalls (im Nahbereich) die Zuhilfenahme eines

Blitzgeräts, bei extrem grellem Licht können Sie sich durch Vorsetzen eines Graufilters, ersatzweise eines Polfilters, ein wenig mehr Luft verschaffen.

Manipulierte Automatik durch Lichtwertverschiebung

Immer wieder kann man lesen, die Programmautomatik würde ein »optimales« Zeit/Blendenpaar einstellen. Das ist natürlich Unsinn. Denn gäbe es wirklich nur jeweils eine einzige mögliche Belichtungseinstellung, dann wären alle anderen Kamerafunktionen wie Zeitautomatik, Blendenautomatik oder Handeinstellung überflüssig. »Optimal« ist bereits die höchste Steigerungsform. Was wollte man danach noch besser machen?

Allein die Tatsache, daß man sich die sogenannte Programmverschiebung hat einfallen lassen, führt die genannte

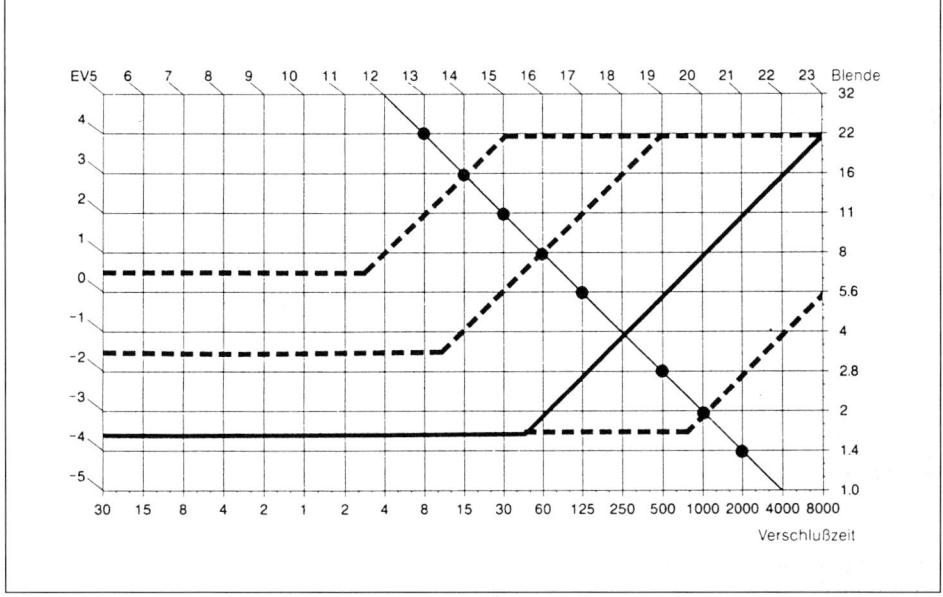

Programmverschiebung um LW 12 bei Verwendung eines EF 1:1,8/50 mm.

Behauptung bereits ad absurdum. Für die Praxis kann der Wert der Programmverschiebung nicht hoch genug eingeschätzt werden, denn sie bringt uns in den Genuß einer vollautomatischen Belichtungseinstellung, die trotzdem voll manipulierbar bleibt. Denn stets gibt es mehrere Kombinationen von Verschlußzeit und Blende, die genau dieselbe Belichtung, jedoch eine sehr unterschiedliche Bildwirkung erzeugen.

Meldet Ihnen die Sucheranzeige beim Antippen des Auslösers beispielsweise Blende 5,6 und 1/250 s, so genügt eine knappe Drehung am Einstellrad, um diese Daten in jeweils halben Stufen zu verändern. Eine Drehung nach links ergibt (sofern die entsprechende Objektivlichtstärke zur Verfügung steht), zum Beispiel:

Blende 4,5	und	1/350 s
Blende 4,0	und	1/500 s
Blende 3,5	und	1/750 s
Blende 2,8	und	1/1000 s usw.

Eine Drehung nach rechts führt zur Einstellung folgender Paare:

Blende 6,7	und	1/180 s
Blende 8,0	und	1/125 s
Blende 9,5	und	1/90 s
Blende 11	und	1/60 s usw.

Im letzteren Fall erhalten Sie größere Schärfentiefe, dafür wird Objektbewegung zunehmend unschärfer wiedergegeben. Und das betrifft auch Ihr Zipperlein, denn spätestens wenn die Verschlußzeit den Kehrwert der Objektivbrennweite erreicht (also z.B. 1/60 s für Brennweite 50 mm), besteht die akute Gefahr der Verwacklungsunschärfe. Im ersteren Fall verschaf-fen Sie sich höhere Konturenschärfe auf Kosten des im Bild scharf wiedergegebenen Tiefenbereichs. Die gesamte Span-ne ist Ihr fotografischer Freiraum. Und spätestens jetzt wird klar, daß es kein von dieser Automatik festgelegtes, »optima-les« Zeit/Blendenpaar geben kann.

Die Möglichkeit des Eingreifens, des Verschiebens der im Sucher (und auf dem Monitor) angezeigten Zeit/Blendenpaa-re, steht Ihnen offen, solange Sie den Auslösers angetippt halten bzw. bis zu sechs Sekunden nach Freigabe des Aus-lösers. Denn danach schalten die Meßsysteme automatisch ab, und das Spiel beginnt von neuem. Verändern Sie die Belich-tungsdaten mit Hilfe des Einstellrads, so verlängert sich auch bei nicht angetipptem Auslöser die Einschaltzeit jeweils neu.

Blendenautomatik (Tv)

In diesem halbautomatischen Programm stellt die Kamera stufenlos eine zur vorgewählten Verschlußzeit passende Blende ein. Damit liegt die Bildgestaltung voll in Ihrer Hand. Sie bestimmen durch die Wahl der Belichtungszeit die Kontu-renschärfe und sekundär auch die Schärfentiefe, denn durch Änderung der Zeit können Sie eine andere, Ihnen genehmere Blende erzwingen. Besonders vorteilhaft erweist sich die Mög-lichkeit, an der EOS 5 die Verschlußzeit in halben Stufen einzustellen, die eine sehr feine Abstimmung zuläßt, wie man

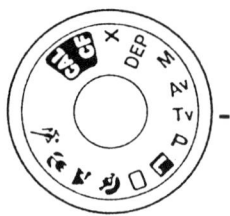

sie bisher überwiegend von der – an mechanischen Kameras ja stufenlos einstellbaren – Blende gewöhnt war.

Normalerweise werden Sie sich mit der Verschlußzeit an der Bewegungscharakteristik des Objekts (und der Verwacklungsgrenze) orientieren. Und dann lassen Sie die Kamera wirken. Wichtig für Aufnahmen aus der Hand ist, daß Sie keine längere Verschlußzeit als den Kehrwert der Brennweite einsetzen. Das heißt: Objektiv 50 mm = 1/60 s, Objektiv 135 mm keinesfalls länger als 1/125 s, Objektiv 200 mm = 1/250 s und so weiter. Wobei Sie mit fliegendem Puls und Auslösung im Habichtverfahren die Aufnahme auch bei diesen Verschlußzeiten noch durchaus verreißen können!

Auf der Wählscheibe wird dieses Programm mit »Tv« bezeichnet, was nichts mit dem Fernsehen zu tun hat, sondern sich von der japanesischen Bezeichnung »time value« ableitet und vielleicht noch am ehesten mit dem deutschen Begriff der Zeitvorwahl gleichgesetzt werden könnte. Es eignet sich für die meisten fotografischen Aufgabengebiete, insbesondere jedoch für Schnappschüsse, Teleaufnahmen, bewegte Objekte usw. In all diesen Fällen liegt die Schärfe sowieso auf dem bildwichtigsten Detail, und die Ausdehnung der Schärfentiefe ist – in Grenzen – von sekundärer Bedeutung, die Schärfe der Hauptebene jedoch unverzichtbar. Zudem gestattet es den gezielten, feindosierten Einsatz der Unschärfe bewegter Objekte – wiederum ein enorm wichtiges fotografisches Ausdrucksmittel.

Die Kamera beginnt stets mit der jeweils letzten Verschlußzeiteinstellung. Mit dem Einstellrad kann diese blitzschnell verändert werden. Vor Unterbelichtung warnt das Blinken der größten Blende des verwendeten Objektivs, vor Überbelichtung das Blinken der kleinsten. Abhilfe ist im ersteren Fall durch Einstellung einer längeren Verschlußzeit möglich, im letzteren durch Wahl einer kürzeren.

Vorteile der Blenden-automatik

- Die Verschlußzeit bleibt fest in Ihrer Hand.
- Verwacklungsunschärfe kann von vornherein ausgeschlossen werden.
- Schnelle Bewegungen können eingefroren werden.
- Andererseits kann Objektbewegung durch feindosierte, längere Verschlußzeit überzeugend zum Ausdruck gebracht werden.
- Gut für Schnappschüsse geeignet.
- Halbstufige Verschlußzeiteinstellung gestattet sehr feine Abstimmung.
- Innerhalb des verfügbaren Blendenbereichs ist schnelles Fotografieren ohne Kontrolle der Sucheranzeige möglich.

Zeitautomatik (Av)

In dieser gleichfalls halbautomatischem Betriebsart wählen Sie (mit dem Einstellrad) die Blende vor, während die Kamera dazu stufenlos eine geeignete Verschlußzeit einstellt. Primär ist es die Schärfentiefe, die Sie damit von Anbeginn festlegen. Doch letztlich können Sie durch Änderung der Blende auch eine andere Verschlußzeit erzwingen, so daß wiederum sämtliche Gestaltungselemente in Ihrer Hand liegen. Die veränderliche Komponente – die Blende – ist in halben Stufen einstellbar.

Eine sehr wichtige Anwendung ist in der Praxis das Arbeiten im Randbereich: Nehmen wir an, Sie fotografieren mit einem langbrennweitigen Objektiv und möchten dessen Lichtstärke voll ausnutzen, um zu Verschlußzeiten zu gelangen, die sich noch unverwackelt aus der Hand halten lassen. Bei Blendenautomatik müßten Sie stets ein wenig von der Lichtstärke verschenken, denn die Kamera würde die Blende fast unweigerlich ein wenig schließen, um die Belichtung der vorgewählten Verschlußzeit optimal anzupassen. Im Programm der Zeitautomatik hingegen stellen Sie einfach die größte Blende des verwendeten Objektivs ein, und die Kamera gibt Ihnen dazu *stufenlos* die entsprechende Verschlußzeit. Lediglich ein wenig aufpassen müssen Sie bei Zeitautomatik: Nur ständige Kontrolle der automatisch eingesteuerten Verschlußzeit informiert Sie, ob Sie die sich ergebende Belichtungszeit noch unverwackelt aus der Hand halten können.

Weitere Anwendungen der Zeitautomatik finden sich in der Sach-, Architektur- und Makrofotografie – sämtlich Gebiete, bei denen es in erster Linie auf Schärfentiefe ankommt. Auf dem Monitor wird dieses Programm mit »Av« bezeichnet, was sich vom japanesischen »aperture value« ableitet, in großen Zügen äquivalent dem deutschen »Blendenvorwahl«.

Als Grundeinstellung beginnt die Kamera stets mit der zuletzt eingestellten Blende. Mit dem Einstellrad können Sie die gewünschte Blende blitzschnell in den Sucher und auf den Monitor rufen. Die Bereichsgrenzen werden durch Blinken der Verschlußzeit angezeigt: Bei Gefahr der Unterbelichtung blinkt die längste Zeit (30»), bei Gefahr der Überbelichtung die kürzeste (1/8000 s). In beiden Fällen kann eine Änderung der Blendeneinstellung Abhilfe bringen: Unterbelichtung läßt sich durch Einstellen einer größeren Blende vermeiden, Überbelichtung durch Wahl einer kleineren Blende – sofern Sie diese Grenze nicht sowieso schon erreicht haben.

Vorteile der Zeitautomatik

- Vorgewählte Blende legt Schärfenbereich im Bild unverrückbar fest.
- Bevorzugt angewandt in der Sach-, Architektur- und Makrofotografie.
- Gestattet Feinabstimmung bei bewußter Ausnutzung der vollen Lichtstärke eines Objektivs.
- Funktioniert mit praktisch jedem Objektivtyp, selbst wenn Kupplungsfunktionen aus konstruktiven Gründen ausfallen.

Die manuelle Belichtungseinstellung (M)

In Einstellung »M« der Wählscheibe läßt sich jede der beiden Komponenten Zeit und Blende verändern, die erstere mit dem Einstellrad, die letztere mit dem Daumenrad. Der Daumenradschalter muß sich hierfür natürlich auf »I« befinden. Auch in diesem Programm hilft Ihnen das Belichtungsmeßsystem, eine Grundeinstellung zu finden, die die Kamera als »richtig« ansieht und automatisch einstellen würde. Für höchste Genauigkeit empfiehlt sich Spotmessung. Von der Grundeinstellung ausgehend, können Sie jede gewünschte Korrektur anbringen, um besondere Effekte zu erzielen.

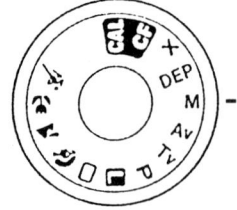

Die Anfangseinstellung richtet sich, wie üblich, nach den zuletzt eingestellten Werten. Die Abstimmung erfolgt mit Hilfe der elektronischen Analoganzeige im Sucher. Der unter der Skala wandernde Pfeil zeigt die Abstimmung innerhalb von ± 2 LW in halben Stufen an. In Nullstellung ist die Belichtung abgestimmt. Nachdem sowohl die Verschlußzeit als auch die Blende in halben Stufen einstellbar ist, spielt es für die Genauigkeit der Abstimmung keine Rolle, welche der beiden Komponenten Sie zur Einstellung heranziehen.

Damit hätten Sie die Kamera nun bewegen, mit vielem Hin und Her das zu tun, was sie Ihnen in einem der Automatikprogramme im Nu und ohne Ihr Zutun besorgt (und stufenlos dazu!). Doch hier geht es ja darum, zunächst einmal die »korrekte« Belichtungseinstellung zu finden, um hiervon kontrolliert abzuweichen, um besondere Effekte zu erzielen. Und selbst im Zeitalter der »Vollautomatik« finden sich immer wieder Gelegenheiten, bei denen der engagierte Fotograf dem Konstrukteur dankbar ist für diese Möglichkeit einer individuellen Belichtungsabstimmung. Um nur ein einziges Beispiel zu nennen: Möchten Sie den Himmel durch ein graues Verlauffilter zurückhalten, wird jede Automatik unbrauchbar. Sie werden den Vordergrund anmessen, diese Einstellung beibehalten und nach Vorschaltung des Filters mit ihr belichten. Die Automatik würde in einem solchen Fall die Belichtung sofort »nachziehen« – das auszugleichen versuchen, was das Filter an Helligkeit dort wegnimmt, wo es in der Tat zu viel ist. Das Ergebnis wäre eine Überbelichtung, die den Effekt des Verlauffilters zunichte machen würde.

Langzeitbelichtungen (bulb)

Bis zu vollen dreißig Sekunden kann's die EOS 5 automatisch. Was darüber hinausgeht, steht Ihnen gleichfalls offen, nur müssen Sie ein wenig mithelfen. Denn in diesem Fall bestimmen *Sie* die Öffnungszeit des Verschlusses durch den Druck aufs Knöpfchen.

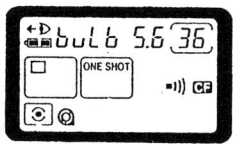

*Monitoranzeige bei Lang-
zeitbelichtungen*

Wir sprechen von Langzeitbelichtungen, und die setzen natürlich die sichere Anbringung der Kamera auf einem Stativ voraus. Dann drehen Sie die Wählscheibe auf »M« und fahren mit dem Einstellrad ans untere Ende des Zeitenbereichs. Dort folgt den 30» die Stellung »buLb«. In dieser bleibt der Verschluß so lange geöffnet, wie der Auslöser gedrückt wird.

Zur Auslösung – und Offenhaltung des Verschlusses über die gewünschte Zeit! – müssen Sie den Auslöser gedrückt halten. Bei Feuerwerksaufnahmen und mancher Nachtaufnahme dürfte dies keine Probleme aufwerfen, denn mit ein wenig Umsicht bleibt Ihnen Verwacklungsunschärfe erspart.

Für andere Zwecke empfiehlt sich die Verwendung des als Zubehör erhältlichen Auslösekabels 60T3.

Die Blende stellen Sie mit dem Daumenrad ein, wozu Sie es natürlich zunächst einschalten müssen (Schalter auf »I«). Da die Belichtungszeit undefiniert ist, sind verständlicherweise Streubelichtungen mit der Belichtungsreihenautomatik unmöglich. Sie müssen sich schon selbst bemühen. Logischerweise haftet Langzeitbelichtungen ein erheblicher Unsicherheitsfaktor an, denn wenn Ihnen kein nachttauglicher Handbelichtungsmesser zur Verfügung steht, müssen Sie schätzen. Sparen Sie deshalb nicht mit Film, sondern machen Sie lieber einige Aufnahmen mit unterschiedlichen Belichtungszeiten. Die Blende werden Sie vermutlich möglichst weit öffnen, denn bei Nachtaufnahmen – wohl die häufigste Anwendung dieser Einstellung – ist meist kein naher Vordergrund im Spiel, der scharf abgebildet werden müßte.

Wofür taugen Langzeitbelichtungen?
- Dämmerungsaufnahmen.
- Nachtaufnahmen.
- Feuerwerksaufnahmen.
- Spezialeffekte.
- Innenaufnahmen nach der Offenblitzmethode.

Also lassen wir das Licht lieber der Belichtungszeit zugute kommen, zumal bei Zeiten über 1 - 2 Minuten hinaus – je nach Filmtyp – der Schwarzschild-Effekt zum Tragen kommen kann: Eine nur »tröpfelnd« auf den Film gelangende Lichtmenge erzeugt eine knappere Belichtung als dieselbe Lichtmenge, die über einen kurzen Zeitraum einwirkt. Mit anderen Worten, Sie verlieren die Proportionalität der Belichtungszeit. Und plötzlich müssen Sie zugeben. Doch auch hier ist das »Wieviel« meist ein Puzzle, solange man nicht streng methodisch (und mit entsprechenden Informationen vom Filmhersteller) an die Angelegenheit herangeht. Also lieber ein wenig mehr.

Mit Blitzautomatik sind Langzeitbelichtungen natürlich nicht kombinierbar, so daß das eingebaute Blitzgerät ausscheidet. Benutzen Sie jedoch ein externes Canon-Speedlite, so können Sie mit Handeinstellung durchaus ein Vordergrundobjekt mit Blitz »aufhellen«. Die Zeitbelichtung des Hintergrunds schließt sich dann an diese Blitzbelichtung an.

Die Schärfentiefenautomatik (DEP)

Canon war der erste Hersteller, der eine echte Schärfentiefenautomatik anbot. Sie erblickte mit der EOS 650 das Licht der Welt. Und damit war ein neuer Standard des Bedienungskomforts in modernen Spiegelreflexkameras geboren.

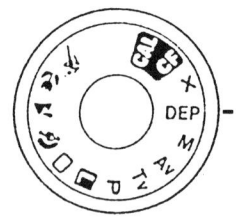

Im Detail funktioniert das so: Dank Autofokus und einer enorm leistungsfähigen Miniaturelektronik wird es möglich, im Bild einen bestimmten Tiefenbereich abzustecken, den Sie scharf wiedergeben möchten. Für diesen Bereich errechnet die Kamera eine vermittelnde Entfernungseinstellung und zugleich die nach den jeweiligen Lichtverhältnissen benötigte

Beim Anmessen eines Nah- und eines Fern- punktes bemüht sich die Kamera, die gewünschte Schärfentiefe zu erzielen (links). Werden Nah- und Fernpunkt aufeinander gelegt, stellt die Kamera auf Punktschärfe, das heißt minimale Schärfen- tiefe, ein.

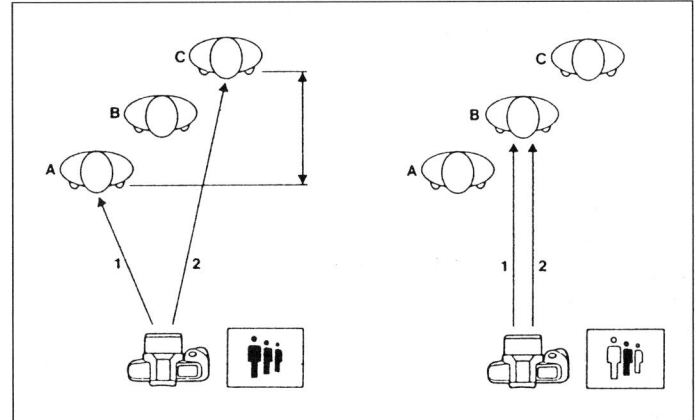

Blende und Verschlußzeit. Wenn Sie diese im Sinne einer Programmautomatik eingestellten Werte akzeptieren, genügt ein Druck auf den Auslöser, und die Aufnahme ist im Kasten.

Angesichts der Tatsache, daß wir heute sehr viel mit Zoom- objektiven fotografieren, bei denen wir wegen der variablen Brennweite auf eine Schärfentiefenskala verzichten müssen, kann der Gebrauchswert der Schärfentiefenautomatik nicht hoch genug eingeschätzt werden. Wie sonst nämlich wollen Sie einen im Bild gewünschten Schärfenbereich festlegen, noch dazu mit der von dieser Automatik gebotenen Genauig- keit?

Zunächst drehen Sie die Wählscheibe auf »DEP«. Dann verfahren Sie wie folgt:

1. Schauen Sie sich das Motiv im Sucher an und legen Sie die Bildbegrenzung fest, bei Verwendung eines Zoomob- jektivs durch Verstellen der Brennweite. (Diese Einstel- lung darf anschließend nicht mehr geändert werden!)
2. Peilen Sie mit dem zentralen AF-Meßfeld (und nur dieses funktioniert bei Schärfentiefenautomatik!) den Nahpunkt an, d.h. die Nahgrenze der gewünschten Schärfentiefe, und tippen Sie den Auslöser (bis zur Hälfte) an. Die Kamera fokussiert auf diese Entfernung. Im Sucher und auf dem Monitor erscheint die Anzeige »dEP 1«.
3. Peilen Sie mit dem AF-Meßfeld den Fernpunkt an, und tippen Sie den Auslöser ein zweites Mal an. Die Kamera fokussiert auf diese Entfernung. Im Sucher und auf dem Monitor erscheint die Anzeige »dEP 2«.

Vor der Belichtung mel- det die Kamera die Ein- stelldaten

4. Wenn Sie den Auslöser jetzt ein drittes Mal antippen, können Sie im Sucher und auf dem Monitor ablesen, welche Blende und Verschlußzeit Sie bei der vorhande- nen Beleuchtung für die Aufnahme brauchen.

5. Sind Sie mit diesen Werten einverstanden – und ist die Verschlußzeit für eine Aufnahme aus der Hand nicht zu lang! –, genügt nach dem Schwenk auf den endgültigen Ausschnitt ein voller Druck auf den Auslöser zur Belichtung. Sind Sie es nicht, können Sie mit dem Einstellrad das Zeit/Blendenpaar variieren wie bei Programmautomatik und geringere Schärfentiefe gegen kürzere Verschlußzeit eintauschen. Doch begeben Sie sich damit eben jener präzisen Kontrolle, die diese Art der Schärfentiefenautomatik so wertvoll macht. Mit anderen Worten: Sie sind besser dran, wenn Sie sich diesen Abschneider verkneifen und die Wählscheibe mal eben schnell auf eine andere Position drehen, um die Einstellung zu löschen und dann neu anzufangen.

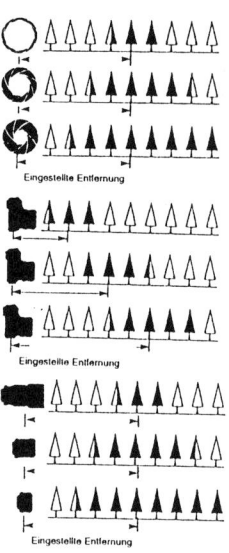

Halten Sie sich stets vor Augen, daß der erfaßbare Schärfenbereich von den Lichtverhältnissen, der Filmempfindlichkeit und der Brennweite des Aufnahmeobjektivs abhängig ist. Bei schwachem Licht müssen Sie die Verschlußzeit immer weiter verlängern, damit bei der meist erforderlichen kleinen Blendenöffnung noch genügend Licht auf den Film trifft. Eine lange Verschlußzeit jedoch geht bringt Sie der Verwacklungsunschärfe immer näher.

Zudem verringert sich der im Bild darstellbare Schärfenbereich mit längerer Brennweite. Denn längere Brennweiten erfordern – damit dieselbe Lichtmenge hinten ankommt – immer größere Blendenöffnungen. Und schon kämpfen wir mit einer unausbleiblichen Verringerung der Schärfentiefe.

Fazit: Verlangen Sie nichts Unmögliches von der Schärfentiefenautomatik. Sie kann nicht über ihren Schatten springen, optische Gesetze nicht aus der Welt schaffen. Würden Sie die Nahgrenze zu nah legen, müßte die Kamera eine extrem kleine Blende(nöffnung) und – zwangsläufig – lange Verschlußzeit wählen, um jenes »Tröpfeln« des Lichts durch längere Einwirkung auf den Film auszugleichen, damit sich eine ausreichende Belichtung ergibt. Folglich würden Sie mit ziemlicher Sicherheit jene Grenze überschreiten, bis zu der Sie Aufnahmen aus der Hand noch halten können, ohne sie zu verwackeln. Was also können Sie tun, wenn Ihnen die Kamera durch Blinken der kleinsten Blende mitteilt, daß Ihre Vorstellungen zwar gut und schön sind, die technische Realität jedoch etwas anders aussieht? Oder wenn Sie ein Blick auf die im Sucher angezeigte Verschlußzeit aufklärt, daß das aus der Hand nicht gutgehen kann?

Versuchen Sie, entweder weiter zurückzutreten oder den Nahpunkt weiter weg zu legen. Überlegen Sie sich, ob die Aufnahmebrennweite wirklich geeignet ist, den gewünschten

Die Schärfentiefe wird von drei wichtigen Faktoren beeinflußt: Erstens: Je kleiner die Blendenöffnung, um so größer ist die Schärfentiefe. Zweitens: Mit wachsendem Aufnahmeabstand vergrößert sich der Schärfentiefenbereich. Drittens: Lange Brennweite bedeutet geringe Schärfentiefe, kurze Brennweite steht für große Schärfentiefe.

Bereich scharf abzubilden. (Je länger die Brennweite, um so geringer bekanntlich die technisch mögliche Schärfentiefe!) Brauchen Sie sehr große Schärfentiefe, bietet folglich allein ein Weitwinkelobjektiv eine Chance, diese zu verwirklichen.

Mit zunehmender Brennweite verringert sich die erzielbare Schärfentiefe.

Mit anderen Worten: Suchen Sie Kompromisse. Wird die Verschlußzeit zu lang für Aufnahmen aus der Hand, müssen Sie Ihre Anforderungen reduzieren. Technische Grenzen sind unverrückbar. Deshalb ist es unverantwortlich, wenn die Schärfentiefenautomatik zuweilen so dargestellt wird, als würde sie Ihnen auf Knopfdruck jeden, aber auch jeden gewünschten Schärfenbereich bescheren – das ist schlicht unmöglich.

Grundsätzlich können Sie lediglich davon ausgehen, daß höherempfindliches Aufnahmematerial eine gewisse »Lichtreserve« schafft. Kleinere Blenden ergeben größere Schärfentiefe und kommen Ihnen damit entgegen. Wer generell sehr große Schärfentiefe wünscht, sollte deshalb Filme relativ hoher Empfindlichkeit einsetzen. Allerdings: Die Auflösung hochempfindlicher Filme ist geringer als die normal- oder niedrigempfindlicher. Und damit schließt sich der Kreis wieder. Es läßt sich nichts erzwingen.

Das Programm ist auch zur Erzielung selektiver Schärfe geeignet

Auch bei diesem Programm wird die Blende als Variable benötigt. Das heißt, eine Kombination mit Blitz ist nicht möglich. Ebenso selbstverständlich dürfte es sein, daß die Brennweiteneinstellung eines Zoomobjektivs nach dem ersten Antippen des Auslösers (dEP 1) nicht mehr verändert werden darf, denn dies würde völlig neue Verhältnisse schaffen.

Nicht nur für große Schärfentiefe können Sie dieses Programm übrigens einsetzen, sondern auch für das exakte Gegenteil, für Punktschärfe. Sie brauchen den Auslöser beim

Anvisieren des gewünschten Details lediglich zweimal kurz
hintereinander anzutippen. Somit liegen »dEP 1« und »dEP
2« aufeinander – die Kamera wird die Blende so weit aufrei-
ßen, wie es eben geht. Das Ergebnis ist geringstmögliche
Schärfentiefe.

Möchten Sie den Einstellvorgang abbrechen, weil zum
Beispiel die kleinste Blende blinkt, so genügt es, die Wählscheibe kurz auf ein anderes Programm zu drehen. Wenn
Blende und Verschlußzeit blinken, ist die Grenze des Arbeits-
bereichs erreicht. Es besteht die Gefahr einer Fehlbelichtung,
und Sie sind mit Ihrem Latein am Ende.

**Der Vorgang kann je-
derzeit abgebrochen
werden**

Das X-Synchronprogramm

Dieses Programm dient – aller Unverständlichkeit der Canon-
Bedienungsanleitung zum Trotz – zur Synchronisierung eines
an den Kabelkontakt der Kamera angeschlossenen, externen
Blitzgeräts. Als Synchronzeiten stehen dabei zur Verfügung:
1/60 s, 1/90 s, 1/125 s und 1/200 s. Verschlußzeit und Blende
werden in diesem Programm umgekehrt zur Handeinstellung
gewählt: Die Verschlußzeit mit dem Daumenrad, die Blende
mit dem Einstellrad.

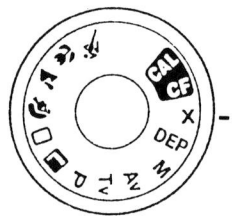

Belichtungskorrektur im Handumdrehen

Zuweilen müssen wir der Belichtung auch bei einer Kamera
nachhelfen, die durch Mehrfeldmessung bereits zu einer gewissen automatischen Belichtungskorrektur fähig ist. Dies
kann einmal zur Erzielung besonderer Effekte der Fall sein,
zur Schaffung einer besonderen Stimmung im Bild, sei es in
Richtung High-Key oder Low-Key. Doch auch bei Reproduktionen oder Mehrfachbelichtungen leistet die Belichtungskorrektur wertvolle Dienste. Im ersteren Fall kann das Verhältnis
von Hell und Dunkel in der Vorlage zu einer unerwünschten
Verschiebung der Belichtung führen, im letzteren ist eine
Korrektur unerläßlich, soll die mehrfache Belichtung ein und
desselben Filmstücks nicht zu völliger Überbelichtung führen.

Doch wozu brauchen wir eine solche Belichtungskorrektur,
wo doch die sinnvoll angewandte manuelle Einstellung im
Programm »M« zu demselben Ergebnis führen würde? Nun,
der Vorteil der Belichtungskorrektur liegt gerade in der Erhal-
tung der Automatik – ganz gleich, welches Belichtungsprogramm Sie gewählt haben. Die Kamera reagiert nach wie vor
auf Helligkeitsänderungen, stellt die Belichtung also laufend
nach. Der eingestellte Korrekturfaktor überlagert sich der je-

*Rechte Seite:
Die Automatik der Kame-
ra kann nicht wissen,
worauf es Ihnen in ei-
nem speziellen Fall an-
kommt. Und deshalb
müssen Sie sich gele-
gentlich die Freiheit nehmen, ein wenig
nachzuhelfen, damit am
Ende das herauskommt,
was Sie sich vorstellen.
Bei einem Motiv wie die-
sem neigt die Automatik
zu einer etwas reichliche-
ren Belichtung als uns in
diesem Fall lieb ist, denn
erst gegen einen ge-
dämpft dunklen Hinter-
grund kommen die
Fähnchen im Licht ange-
messen zum Leuchten.
Kodachrome 64.*

weils aktuellen Belichtungseinstellung. Besonders interessant ist dies natürlich, wenn Sie eine Reihe von Aufnahmen planen, die sämtlich einer bestimmten Korrektur bedürfen.

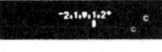

Die Einstellung eines solchen Korrekturfaktors erfolgt in der EOS 5 mit Hilfe des Daumenrads, das zunächst mit seinem Drehschalter eingeschaltet wird. Dann führt eine Drehung am Daumenrad (bei eingeschalteter Kamera und aktiven Meßsystemen) zur Verschiebung des Pfeils unter der elektronischen Analoganzeige im Sucher und auf dem Monitor. Die Einstellung ist in halben Belichtungsstufen im Bereich von ± 2 Lichtwert möglich. Nach der Einstellung empfiehlt sich die Ausschaltung des Daumenrads, um eine versehentliche Verstellung zu vermeiden. (Jetzt wissen Sie, warum Canon von »Schnelleinstellung« spricht.)

Die elektronische Analoganzeige im Sucher und auf dem Monitor verdeutlicht den eingestellten Korrekturfaktor recht plastisch.

Natürlich müssen Sie den Faktor nach der oder den zu korrigierenden Aufnahmen wieder löschen. Und auch das geht »schnell«: Daumenrad einschalten, Faktor auf Null zurückstellen, Daumenrad ausschalten.

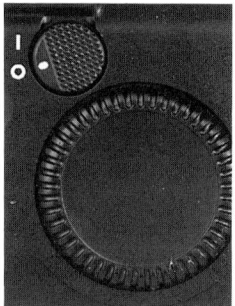

Das Daumenrad

Die Belichtungsreihenautomatik (AEB)

Diese Funktion übernimmt die EOS 5 von anderen EOS-Modellen, in denen sie sich bereits bestens bewährt hat. Denn immer wieder einmal steht man vor einer Situation, in der man bei der Aufnahme nicht recht weiß, ob und in welcher Richtung man korrigieren sollte. So geht man auf Nummer Sicher und macht im Zweifelsfall ein paar zusätzliche Aufnahmen mit abweichender Belichtung, um sich dann von den fertigen Bildern die besten auszusuchen.

Natürlich ist es angenehm, wenn die Kamera die Arbeit übernimmt und nacheinander drei automatisch gestreute Belichtungen macht: mit der gemessenen Belichtung, mit der gewünschten Unterbelichtung und mit der gewünschten Überbelichtung. An der EOS 5 können Sie das Maß der Abweichung in halben Stufen bis zu 2 Stufen einstellen. Hierzu drücken Sie die mit »ISO – AEB« gekennzeichnete Taste auf der Rückwand, bis im Monitor die Abkürzung AEB (Automatic Exposure Bracketing) und der Faktor 0.0 erscheinen. (Diese Funktion ist nur in den Kreativprogrammen nutzbar!) Dann stellen Sie den gewünschten Streufaktor mit dem Einstellrad ein. Drei schwarze Kästchen unter der Analoganzeige markieren die Belichtungsstreuung sehr plastisch. Auch im Sucher wird die Streuung mit einer Analoganzeige sichtbar gemacht.. Ein Druck auf den Auslöser führt nunmehr – nein, nicht zu einer Belichtungsreihe, sondern nur zur ersten, richtig belichteten Aufnahme. Es sei denn, die Kamera wäre auf Reihenbilder

Die Belichtungsreihenautomatik (AEB) wird mit der Funktionstaste an der Kamerarückwand eingeschaltet.

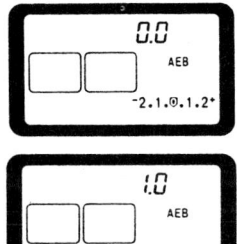

Wieder ist es die elektronische Analoganzeige, die den angezeigten Faktor sehr anschaulich darstellt.

Belichtungsreihenautomatik und Belichtungskorrektur sind kombinierbar

geschaltet. Dann spult sie die drei Belichtungen automatisch herunter. In Einzelbildschaltung müssen Sie jede einzelne Aufnahme getrennt auslösen. Die Kamera wiederholt die Fokussierung bei der zweiten und dritten Aufnahme nicht, denn man wird Belichtungsreihen nur bei in sich ruhigen Motiven einsetzen. Nach den Reihenaufnahmen stellen Sie den Faktor in gleicher Weise wieder auf Null zurück.

Je nach dem gewählten Belichtungsprogramm wird die Belichtungsstreuung – zwangsläufig – mit unterschiedlichen Mitteln erzielt: Bei Programmautomatik werden Zeit und Blende variiert; bei Zeitautomatik, Schärfentiefenautomatik und Handeinstellung wird die Zeit verändert, bei Blendenautomatik und im X-Synchronprogramm ausschließlich die Blende.

Die Über- bzw. Unterbelichtung braucht nicht unbedingt symmetrisch um die korrekte Belichtung angeordnet zu sein, denn die Belichtungsreihenautomatik ist mit der Belichtungskorrektur kombinierbar. In diesem Fall ergibt die Einstellung für die Belichtungsreihe die Größe der Abweichung von Aufnahme zu Aufnahme, der Korrekturfaktor hingegen verschiebt die Reihe entsprechend der gewählten Einstellung nach Plus oder Minus.

Ein Beispiel verdeutlicht den Effekt: Einstellung der Belichtungsreihenautomatik (AEB) auf 0,5. Einstellung des Korrekturfaktors +1,0.

1. Aufnahme -0,5 + 1,0 = Belichtung +0,5
2. Aufnahme 0 + 1,0 = Belichtung +1,0
3. Aufnahme +0,5 + 1,0 = Belichtung +1,5

Die Verschiebung wird unter der Analogskala sowohl im Sucher als auch auf dem Monitor besonders plastisch dargestellt. Bei der Wahl des AEB- und gegebenenfalls Korrekturfaktors ist darauf zu achten, daß die Bereichsgrenzen von Blende und Verschlußzeit durch die Verschiebung nicht überschritten werden. Nicht einsetzbar ist die Belichtungsreihenautomatik mit den vollautomatischen Programmen und der Einstellung »bulb«.

Mehrfachbelichtungen (ME)

Auch die Schaltung auf Mehrfachbelichtungen erfolgt durch Druck auf die Funktionstaste an der Kamerarückwand.

Während der Film nach jeder Belichtung automatisch um ein Bild weitertransportiert wird, verbleibt er in der Einstellung für Mehrfachbelichtungen am selben Ort, und es werden lediglich der Verschluß und der Spiegel neu gespannt. Allerdings empfiehlt es sich nicht, Mehrfachbelichtungen gerade am Filmanfang oder -ende zu machen, weil sich der starke Filmdrall dort nachteilig auf die Paßgenauigkeit auswirken kann.

Die Belichtungsreihenau-
tomatik gibt Ihnen stets
dann Sicherheit, wenn
Sie aus irgendeinem
Grund im Zweifel sind.
Zur Aufnahme mit der von
der Kamera als »richtig«
erachteten Belichtung gibt
sie eine Unter- und eine
Überbelichtung um bis zu
zwei Belichtungsstufen,
so daß Sie sich am ferti-
gen Ergebnis heraussu-
chen können, welche
Aufnahme am besten
wirkt. Kodak Ektachrome.

Rechte Seite:
Eine etwas längere
Brennweite ist ideal für
das Spiel mit der Bildge-
staltung. Sie zwingt ganz
automatisch zur Konzen-
tration auf einige wenige,
wesentliche Details. Und
damit erzieht sie zur be-
wußten Fotografie, zur
überlegten Plazierung
von Bilddetails innerhalb
des Formats.
Kodachrome 64.

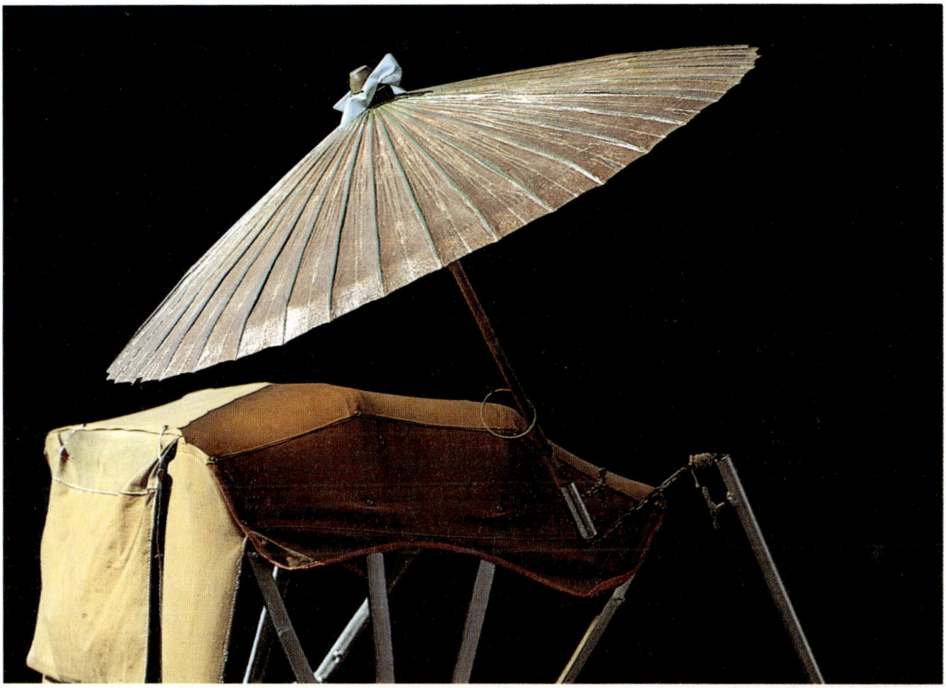

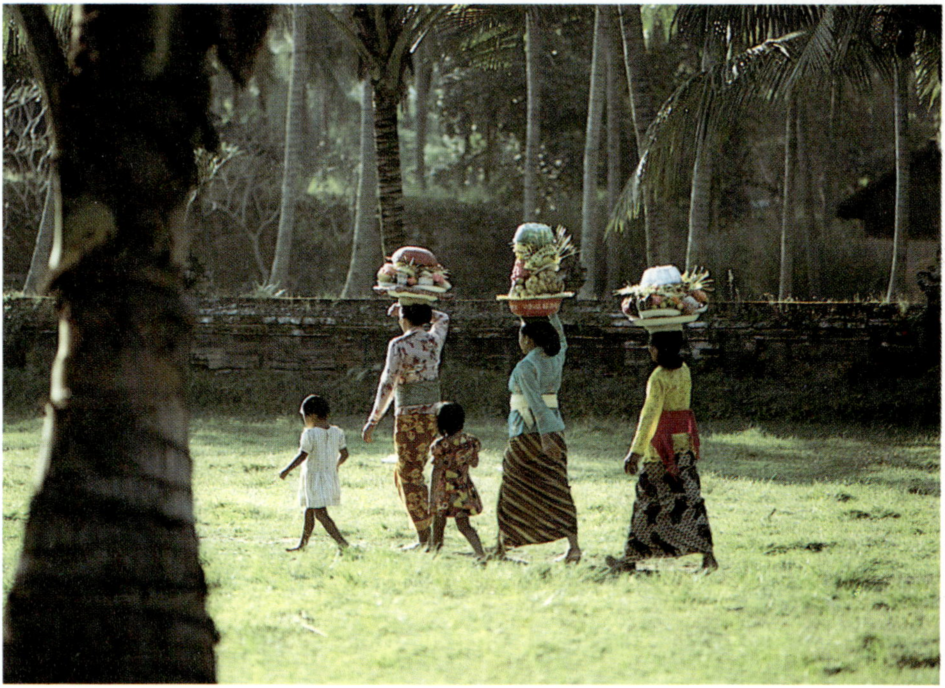

Nachdem Sie die Wählscheibe auf ein Kreativprogramm gedreht haben, drücken Sie die Funktionstaste an der Rückwand, so daß das Symbol der versetzten Rechtecke im Monitor erscheint. Im Bereich des Bildzählers erscheint die Anzahl der vorgewählten Belichtungen pro Filmstück. Mit dem Ein-

Mehrfachbelichtungen fordern Ihre Kreativität.

stellrad können Sie bis zu neun Mehrfachbelichtungen wählen. Dann könnten Sie auf den Auslöser drücken. Doch gemach! Vorher sollten Sie noch einen Belichtungskorrekturfaktor einstellen, denn natürlich addiert sich die mehrfache Belichtung, so daß jeweils nur ein Teil zur Wirkung kommen darf. Als Faustregel sollten Sie -1 für zwei Belichtungen, -1,5 für drei bzw. -2 für vier einstellen. Dies können jedoch nur Richtwerte sein, da Hintergrund und Objekthelligkeit entscheidenden Einfluß haben. Eigene Versuche sind deshalb unerläßlich.

Mehrfachbelichtungen erfordern eine Belichtungskorrektur

Der Hintergrund verdient bei Mehrfachbelichtungen besondere Aufmerksamkeit. Vor einer dunklen Fläche heben sich mehrfach belichtete Objekte am besten ab. Auch hier geht es ohne ein wenig Experimentieren nicht ab.

Nach den Mehrfachbelichtungen transportiert die Kamera den Film um eine Bildlänge weiter. Die ME-Einstellung wird dabei automatisch gelöscht; die Kamera ist wieder auf normalen Aufnahmebetrieb geschaltet.

Die EOS 5 in der Praxis

Auch die einfachen Handgriffe müssen sitzen

Eine Kamera ist letztlich nur ein Werkzeug. Natürlich sollte man sein Werkzeug möglichst genau kennen, denn die Kenntnis der Grundlagen gestattet das Erkennen von Zusammenhängen. Ebensowichtig jedoch ist der richtige, sinnvolle Einsatz dieses Werkzeugs, die Beherrschung der »profanen« Handgriffe. So wollen wir zunächst die Kamera startklar machen. Einer ausführlichen Erläuterung der inididuell programmierbaren Funktionen der EOS 5 folgen schließlich das eminent wichtige Thema der Blitzaufnahme sowie die Besonderheiten, in denen sich die EOS 5 QD vom Grundmodell unterscheidet.

Die ersten Schritte

Wenn Sie die EOS 5 der Verpackung entnehmen, müssen Sie sie zunächst mit einigen wenigen Handgriffen startklar machen. Denn immerhin ist die EOS 5 eine Kamera mit Wechselobjektiven, und so wird man Ihnen das Objektiv normalerweise getrennt verkaufen, zumindest getrennt verpackt. Dem folgen das Einsetzen der Batterie, ohne die nun mal nichts geht, und das Einlegen des Films. Dann können Sie loslegen.

Ansetzen und Abnehmen des Objektivs

Jedes Canon-EF-Objektiv ist mit der EOS 5 verwendbar, was Ihnen enorme Freiheit in der Wahl der Ausrüstung läßt. Zum Ansetzen nehmen Sie zunächst den Gehäusedeckel und den

Die gesamte Datenübertragung zwischen Kameragehäuse und Objektiv erfolgt beim EF-Bajonett elektronisch. Durch den im Objektiv eingebauten Fokussiermotor entfällt jede mechanische Kraftübertragung zum Objektiv. Die entsprechenden Kontakte an Kameragehäuse und Objektiv sollten nicht berührt und stets saubergehalten werden.

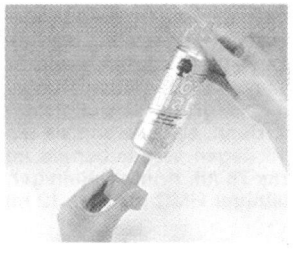

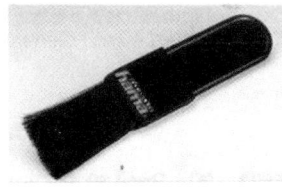

Vom einfachen Pinsel über Blasepinsel und Radierstifte für Batteriepole bis zu Druckluft aus der Dose reicht das Angebot der Zubehörhersteller. Die letztere erweist sich besonders nützlich zur Reinigung schwer zugänglicher Stellen. Doch Vorsicht: Richten Sie den kräftigen Luftstrahl grundsätzlich nicht auf die empfindlichen Verschlußlamellen von Kameras mit Schlitzverschluß!

Linke Seite:
Oberste Regel für harmonische Bildgestaltung ist die Bilddrittelung, wie sie am Turm in dieser Aufnahme sichtbar wird. Die Person im »Vordergrund« wird zum Kontrapunkt und schafft eine Blickdiagonale zum Turm – das Bild erhält Spannung. Wesentlich an der Bildwirkung beteiligt ist das fotogene Seitenlicht. Kodachrome 25.

Rückdeckel des Objektivs durch Linksdrehung ab. Dann richten Sie den roten Punkt am Objektivbajonett auf jenen am Kamerabajonett aus, setzen das Objektiv ein und drehen es unter leichtem Druck im Uhrzeigersinn, bis es einrastet.

Zum Abnehmen – und ausschließlich hierfür – drücken Sie die Entriegelungstaste am Kameragehäuse und drehen das Objektiv gleichzeitig nach links, bis es sich entnehmen läßt.

Das Kameragehäuse sollte bei Aufbewahrung ohne Objektiv grundsätzlich durch einen Gehäusedeckel geschützt sein. Auch Ihre Objektive verdienen den Schutz durch Vorder- und Rückdeckel. Ohne Rückdeckel sollte ein Objektiv *niemals* mit seiner Rückseite abgesetzt werden, denn dies könnte zur Beschädigung der empfindlichen Kontakte führen. Glasflächen und die Kontakte an der Rückseite des Objektivs sowie am Kameragehäuse dürfen nicht durch Fingerabdrücke verunreinigt werden. Die Kontakte sollten gelegentlich mit einem sauberen Tuch abgewischt werden.

Halten Sie die Objektiv-kontakte peinlich sauber!

Staub auf den Glasflächen der Objektive entfernen Sie zunächst mit einem Objektivpinsel. Hartnäckige Verunreinigungen können nach Anhauchen der Fläche vorsichtig in kreisenden Bewegungen mit einem absolut sauberen Leinentuch entfernt werden. Im Notfall kann Optik-Reinigungsflüssigkeit zu Hilfe genommen werden, die jedoch in ganz geringer Menge ausschließlich auf das Tuch, niemals direkt auf die Glasfläche gegeben werden darf!

Vermeiden Sie nach Möglichkeit häufiges Abwischen der Glasflächen, das zum Verkratzen der Linsen führen kann. Fingerabdrücke sollten allerdings möglichst bald entfernt werden, denn sie haben eine ätzende Wirkung und können das optische Glas angreifen. Schützen Sie Ihr(e) Objektiv(e) gegebenenfalls durch ein gutes UV-Sperrfilter, das sowohl Schmutz als auch mechanische Beschädigungen von der Frontlinse fernhält.

Bei abgenommenem Objektiv liegt der Spiegelkasten der Kamera ungeschützt vor Ihnen. Vermeiden Sie jede Berührung des Schwingspiegels, dessen präzise Justierung für das Funktionieren der Kamera unentbehrlich ist. Staub auf diesem Spiegel wirkt sich nicht nachteilig auf die Aufnahmen aus. Eine eventuell notwendige Säuberung des Schwingspiegels sollte ausschließlich dem Canon-Kundendienst vorbehalten bleiben.

Einlegen und Prüfen der Batterie

Die EOS ist auf elektrischen Strom angewiesen, denn erst modernste Miniaturelektronik hat ein solch winziges, doch automatisches Wunderwerk möglich gemacht. Konstruiert ist die EOS 5 für eine 6-Volt-Lithiumbatterie vom Typ 2CR5, die sämtliche Stromkreise der Kamera versorgt und auch die zum Blitzen notwendige Energie spendet.

Die Kamerabatterie versorgt auch den eingebauten Blitz

Zum Einlegen der Batterie nehmen Sie den Deckel des Handgriffs ab, indem Sie die praktische Knebelschraube ausklappen und nach links drehen. Der handliche Batterieblock ist so geformt, daß Sie ihn nur in einer Stellung einsetzen können. Sie müssen lediglich darauf achten, daß sich die beiden blanken Kontakte an der Kamera-Unterseite befinden, den Kontakten im Batteriefach gegenüber. Es empfiehlt sich, die Batteriekontakte vor dem Einlegen mit einem absolut sauberen, trockenen Tuch abreiben, um optimalen Stromfluß zu gewährleisten.

Wie lange die Batterie reicht, hängt von den Umständen ab. Wichtigster Faktor ist dabei zunächst die Temperatur, denn Batterien sind generell kälteempfindlich. Ab etwa 0 °C ist Vorsicht geboten. Das heißt, Sie sollten die Kamera nicht unnötig der Kälte aussetzen, sondern nur zu den Aufnahmen »entblättern«. Bei rein winterlichen Temperaturen empfiehlt es

Der Handgriff ist abnehmbar und dient gleichzeitig als Batteriefachdeckel.

sich unbedingt, eine Ersatzbatterie mitzunehmen und diese in einer Innentasche der Kleidung zu temperieren. Geht nämlich die Kamerabatterie verschnupft in die Knie, kann die wohltemperierte Ersatzbatterie einspringen – und die erste Batterie wandert in die Innentasche, denn, und das ist wichtig: Eine durch Kälte nicht mehr leistungsfähige Batterie erholt sich meist bei normalen Temperaturen wieder. So können Sie bei extremen Temperaturen gegebenenfalls wechseln, in der Innentasche »auftauen« und wieder wechseln.

Bei normalem Gebrauch sollte eine Batterie (bei Temperaturen um 20 °C) zur Belichtung von etwa 26 Filmen zu 36 Aufnahmen ausreichen, sofern nicht geblitzt wird. Bei 50%iger Blitzbenutzung bleiben noch 13 Filme übrig, bei 100% Blitz 8.

Bei Temperaturen um -20° C ist eine frische Batterie ohne Blitz für etwa 10 Filme zu 35 Aufnahmen gut, mit 50% Blitz für

Ihr »Fahrstil« hat entscheidenden Einfluß auf die Lebensdauer der Batterie

etwa 6, mit 100% Blitz geht praktisch nichts mehr. Eine genaue Angabe der Lebensdauer ist nicht möglich, denn wer weiß schon, wie oft Sie mit dem Autofokus spielen oder bei niedrigen Temperaturen fotografieren. Immerhin gestattet die Abschätzung das rechtzeitige Bereithalten einer Ersatzbatterie. Und es lohnt sich bestimmt nicht, hiermit zu lange zu warten, besonders dann, wenn Sie auf eine Reise gehen. Gerade in Ländern der Dritten Welt können Sie sich beträchtliche Schwierigkeiten einhandeln, wenn der Kamera plötzlich das

Licht ausgeht. Es versteht sich, daß die von der EOS benötigte Lithiumbatterie nicht wiederaufladbar ist. Geben Sie verbrauchte Batterien bitte in den Sondermüll und widerstehen Sie der Versuchung, eine Batterie zu öffnen oder ins Feuer zu werfen!

In gewissen Abständen sollten Sie sich vom Zustand der eingelegten Batterie überzeugen. Hierzu schalten Sie die Kamera mit der Wählscheibe ein. Das dann auf dem LCD-Monitor erscheinende Batteriesymbol informiert Sie über den Batteriezustand:

Ein in beiden Hälften schwarzes Batteriesymbol sagt Ihnen, daß alles in Ordnung ist. Ist nur noch die untere Hälfte des Symbols schwarz, sollten Sie eine Ersatzbatterie bereithalten. Ein »leeres« Batteriesymbol mahnt zum Batteriewechsel. Was es auf sich hat, wenn das leere Batteriesymbol obendrein blinkt, werden wir im folgenden Kapitel besprechen.

Alle diese Angaben dienen dazu, Sie bis zum letzten Augenblick recht genau über den Batteriezustand auf dem laufenden zuhalten. Fotografieren können Sie grundsätzlich (auch bei völlig fehlendem Batteriesmybol), solange der Auslöser nicht gesperrt bleibt. Die Belichtung wird stimmen. Wirklich Schluß ist erst, wenn keine Auslösung mehr möglich ist.

Braucht die Kamera allerdings einmal mehr Strom, wie zum Beispiel für den Rückspulvorgang oder auch nur den normalen Filmtransport, kann die Leistung einer bereits schwachen Batterie nicht mehr ausreichen – und es ist Feierabend. Die Kamera zuckt mittendrin die Achseln, und nichts geht mehr. Das ändert sich jedoch schlagartig, wenn Sie eine frische Batterie einlegen. Dann führt die Kamera sofort den unterbrochenen Arbeitsgang aus.

Sollte der Monitor völlig »tot« bleiben, wenn Sie die Kamera einschalten, so haben Sie die Batterie möglicherweise falsch eingelegt. Prüfen Sie in diesem Fall, ob die beiden blanken Kontakte an der Oberseite der Batterie wirklich zur Kamera-*Unterseite* gerichtet sind.

Batterietips
- Prüfen Sie den Leistungszustand der Batterie vor den Aufnahmen.
- Halten Sie stets eine Ersatzbatterie bereit, insbesondere auf Reisen.
- Fotografieren Sie ruhig, bis der gesperrte Auslöser den Exitus der Batterie meldet.
- Temperieren Sie die Kamera bei niedrigen Temperaturen bis unmittelbar vor den Aufnahmen.
- Halten Sie die Ersatzbatterie in einer Innentasche der Kleidung warm.
- Werfen Sie eine bei Kälte versagende Batterie nicht weg. Sie erholt sich normalerweise bei Normaltemperatur und kann dann noch eingesetzt werden.
- Denken Sie daran, daß die EOS-Batterie nicht wiederaufladbar ist.
- Geben Sie erschöpfte Batterien in den Sondermüll.r

Wenn das Batteriesymbol blinkt

Das Blinken des leeren Batteriesymbols hat eine doppelte Funktion. Einmal zeigt es den unmittelbar bevorstehenden Exitus der Batterie an, zum anderen jedoch dient es zur Anzeige einer Funktionsstörung.

Wenn dieses Symbol blinkt, sollten Sie die Wählscheibe auf L drehen, die Batterie entnehmen, die beiden Pole mit einem sauberen, rauhen Tuch blankreiben und den Block wieder einsetzen. Dann schalten Sie die Kamera wieder mit der

Batteriespannung noch ausreichend, doch Ersatzbatterie bereithalten.

Batteriewechsel steht bevor.

Batterie fast leer oder Funktionsstörung.

Wählscheibe ein. Blinkt das Symbol noch immer, tauschen Sie die Batterie gegen eine frische aus und lösen die Kamera einmal aus. Danach sollte das Blinken verschwunden sein und ein volles Batteriesymbol erscheinen.

Haben alle Ihre Bemühungen keinen Erfolg gehabt und blinkt noch immer ein leeres Batteriesymbol im Monitor, liegt eine Funktionsstörung vor, und es bleibt Ihnen nichts anderes übrig, als die Kamera dem Canon-Kundendienst zur Prüfung zu übergeben.

Einlegen und Wechseln des Films

Ein nach unten gerichteter Druck auf die Entriegelung an der linken Kameraseite öffnet die Rückwand. Im Schatten, den Sie notfalls dadurch schaffen, daß Sie der Sonne den Rücken zuwenden, legen Sie die Filmpatrone so auf der linken Seite ein, daß die vorstehende Achse nach unten zeigt und die rote Achse im Patronenfach eindrückt. (Doch Vorsicht! Hüten Sie sich, den empfindlichen Verschlußlamellen im Bildfenster dabei zu nahe zu kommen! Vermeiden Sie ferner jede Berührung der Filmführung und der Filmandruckplatte.) Dann ziehen Sie den Filmanfang gerade weit genug heraus, daß er bis zur Farbmarkierung auf der gegenüberliegenden Seite reicht. Er muß dabei plan auf der Führung liegen und darf keinen Buckel bilden. Sollten Sie ihn zu weit herausgezogen haben, nehmen Sie die Filmpatrone noch einmal heraus und drehen die Spulenachse von Hand ein wenig zurück.

Wenn Sie sich das Kamera-Innere bei geöffneter Rückwand ein wenig näher anschauen, werden Sie feststellen, daß

Nach dem Einlegen der Patrone wird der Filmanfang bis zur farbigen Startmarke auf der gegenüberliegenden Seite herausgezogen.

Vermeiden Sie beim Filmeinlegen jede Berührung der empfindlichen Verschlußlamellen! Auch die DX-Kontakte zur Abtastung der Filmempfindlichkeit von der Patrone sind tabu für jede Berührung und müssen stets sauber sein.

die uns von herkömmlichen Kameras bekannte Zahntrommel, die in die Filmperforation eingreift, in der EOS 5 fehlt. Die Bemessung der Weglänge, um die der Film nach jeder Aufnahme weiterzutransportieren ist, kann die EOS 5 nämlich viel besser und moderner: Sie mißt die Bildlänge mit einem optischen Abtastsystem – berührungslos. So sind ausgerissene Perforationslöcher in der EOS 5 technisch unmöglich. Nachdem dieses Abtastsystem mit Infrarotlicht arbeitet, gestattet es allerdings keine Verwendung von Infrarotfilm. Doch den benutzen Sie wahrscheinlich sowieso nicht, nachdem er nur für sehr spezielle Anwendungen geeignet ist.

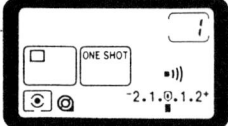

Schließen Sie die Rückwand, die auf Druck einrastet. Die eingeschaltete Kamera spult den Film automatisch bis zur ersten Aufnahme vor, und im LCD-Monitor erscheint im Bildzähler in der rechten oberen Ecke die Bildnummer »1«. Daß sich nunmehr ein Film in der Kamera befindet, erkennen Sie ferner am Filmpatronensymbol im Monitor. (Zudem ist der Filmtyp durch das Fenster in der Kamerarückwand ablesbar.) Sollte das Patronensymbol im Monitor blinken, wurde der Film nicht vorgespult, und Sie müssen den Einlegevorgang wiederholen. Der Auslöser bleibt in diesem Fall praktischerweise gesperrt. Den Filmtransport nach jeder Auslösung besorgt die Kamera automatisch. Jetzt sind Sie schußbereit.

So sieht der LCD-Monitor nach dem Einlegen des Films aus.

Nach der letzten Aufnahme wird der Film automatisch voll in die Patrone zurückgespult, und das Patronensymbol auf dem Monitor blinkt. Jetzt können Sie die Rückwand – wiederum im Schatten – öffnen und den Film entnehmen. Geben Sie ihn möglichst bald zur Entwicklung, denn längere Lagerung nach der Belichtung kann zu Farbverschiebungen führen.

Die Rückspulung teilbelichteter Filme ist leicht bewerkstelligt: Ein Druck auf die versenkt angeordnete Taste an der rechten Seite der Kamera setzt die Rückspulung in Gang. Auch dabei wird der Filmanfang voll in die Patrone gespult. Bei einem teilbelichteten Film, den Sie ja später erneut einlegen möchten, wäre dies ausgesprochen unpraktisch. Zum Glück weiß die EOS 5 Abhilfe: Mit der Individualfunktion CF 2 können Sie die Kamera so umprogrammieren, das die Filmzunge außerhalb der Patrone bleibt.

Der Typ des eingelegten Films kann jederzeit durch das in die Rückwand eingelassene Fenster ermittelt werden.

Und warum sollten Sie den Film wieder einlegen wollen? Nun, vielleicht hatten Sie normalempfindliches Material in der Kamera, als Ihnen das Licht ausging. Und Sie mußten auf hochempfindlichen Film ausweichen. Den teilbelichteten »Normalen« spulen Sie dann – nach der automatischen Vorwicklung – bei aufgesetztem Objektiv- oder Gehäusedeckel und von Hand eingestellter 1/8000 s auf den vorherigen Zählwerksstand zurück. Geben Sie jedoch eine Bildlänge zu, damit Überlappungen ausgeschlossen sind.

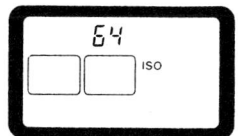

Bei Druck auf die Funktionstaste wird die eingestellte Filmempfindlichkeit in den Monitor gerufen.

Die Filmempfindlichkeit

Jeder Film erzeugt nur dann brauchbare Bilder, wenn er einer ganz bestimmten Lichtmenge ausgesetzt wird. Man spricht von seiner »Lichtempfindlichkeit«. Folglich muß die Kamera die auftreffende Lichtmenge mit Hilfe von Blende und Verschlußzeit entsprechend dosieren. Zuvor jedoch muß sie wissen, wie empfindlich der eingelegte Film denn nun eigentlich ist.

Im Normalfall können Sie die Filmempfindlichkeit vergessen, denn fast alle modernen Filme sind DX-codiert. (Die

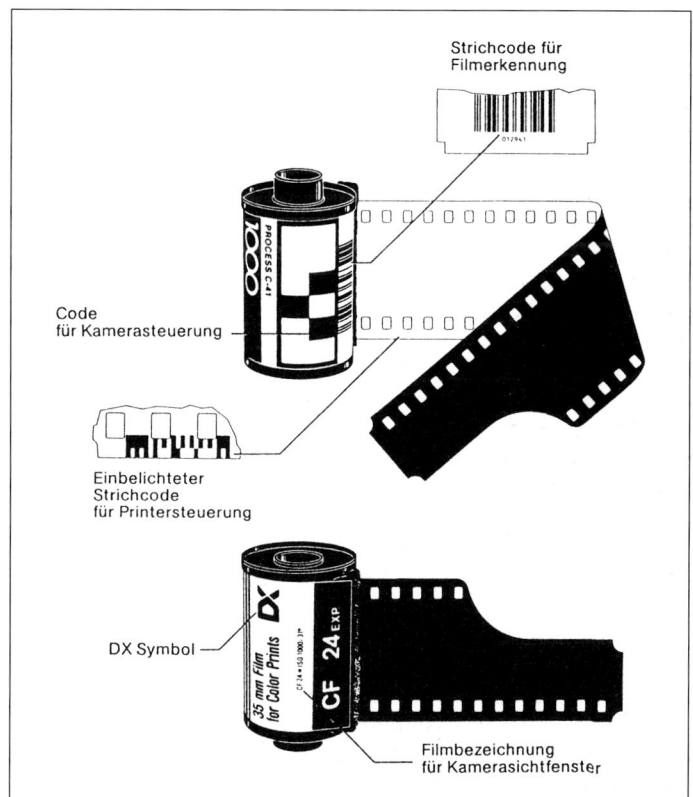

Die Patronen moderner Filme sind mit einem Magnetcode versehen, der von entsprechenden Kontakten in der Kamera abgetastet wird. Hinzu kommt ein Strichcode zur Kamerasteuerung.

Handeinstellung der Filmempfindlichkeit ist nur bei nicht DX-codiertem Material erforderlich.

entsprechende Angabe finden Sie auf der Filmschachtel und der Filmpatrone.) Das heißt, spezielle Kontakte im Patronenfach der Kamera tasten die Filmpatrone ab, so daß die Kamera stets genau im Bilde ist, welches Material eingelegt ist. Diese automatische Einstellung erfolgt im Bereich von ISO 25/15° bis ISO 5000/38°. Beim Filmeinlegen wird die automatisch eingestellte Empfindlichkeit für wenige Sekunden im Monitor angezeigt. Sie können sie jedoch jederzeit in den Monitor zurückrufen, indem Sie bei eingeschalteter Kamera die Funktionstaste an der Kamerarückwand drücken.

Von Hand kann die Empfindlichkeit in eben dieser Schaltung im Bereich von ISO 6/9° bis ISO 6400/39° eingestellt werden, so daß auch nichtcodierte Filme verwendet werden können und zudem ein erweiterter Bereich zur Verfügung steht. Die Einstellung selbst erfolgt mit dem Einstellrad.

Die manuelle Einstellung kann sich auch dann empfehlen, wenn Sie Ihren »Leib-und-Magen-Film« lieber generell ein wenig kürzer oder länger belichten möchten, wie es zum Beispiel der Profi oft tut. Denn selbst bei DX-codierten Filmen hat die Handeinstellung Vorrang, läßt sich folglich jederzeit zur Belichtungskorrektur heranziehen. Allerdings bleibt zu beachten, daß eine Handeinstellung gelöscht wird, wenn Sie anschließend einen DX-codierten Film einlegen.

Welcher Film überhaupt?

Mit dem Kauf eines Films treffen Sie eine folgenschwere Entscheidung: Welches Material – und die Auswahl ist wahrlich groß genug – ist für den gedachten Zweck am besten geeignet? Steht Ihnen der Sinn nach Papierbildern oder nach Diapositiven? Wollen Sie bei Tageslicht fotografieren oder mit Kunstlicht? Diese Fragen ließen sich noch eine ganze Weile fortsetzen.

Wenn wir zunächst einmal von der Farbfotografie ausgehen, so lautet die Grundsatzentscheidung: Aufsichtsbild oder Dia? Erstaunlicherweise hält sich das Farbdiapositiv eigentlich nur noch auf dem deutschen Markt. Überall sonst in der Welt hat es angesichts der »Papierkonkurrenz« längst die Waffen gestreckt. Warum? Nun, die Deutschen sehen eben doch wohl mehr auf Qualität als die meisten anderen. Und ein Dia bleibt in dieser Beziehung unbestrittener Sieger. Allein schon die Größe eines projizierten Bildes läßt Papierbilder hoffnungslos verblassen. Dabei spielt gerade das Größenverhältnis eine entscheidende Rolle für die Wirkung eines jeden Bildes: Eine normale Albumvergrößerung ist ein klitzekleiner Abklatsch der Wirklichkeit, viel zu klein, um vom Auge als realistisch akzeptiert zu werden. Sie bleibt eine »Miniatur« – sicher nicht schlecht, doch eben kein überzeugendes, beeindruckendes Abbild der Realität.

Während ein Papierbild seine »Lichter« mitbringen muß – und allein deswegen schnell flau wirkt –, wird ein Dia vom Licht der Projektionslampe durchstrahlt. Es wird gewissermaßen von einer Ersatzsonne auf der Leinwand zum Leuchten gebracht. Dabei vermag es vielfach feinere Nuancen wiederzu-

Vorteile des Diapositivs

- Unverfälschtes Unikat, das sich keinem zweiten optochemischen Bearbeitungsvorgang unterziehen muß.
- Hervorragende Eignung für die Ermittlung der Leistungsfähigkeit einer Ausrüstung.
- Vergleichsweise hohe Auflösung.
- Wiedergabe feinster Tonwerte und Farbnuancen.
- »Aktives« Licht, beigesteuert durch die Projektionslampe.
- Realistische Größenverhältnisse, die das Auge überzeugen.
- Größere Platik als beim Aufsichtsbild.
- Hervorragende Druckvorlage.

Vorteile des Negativs

- Gestattet die Herstellung beliebig vieler Vergrößerungen.
- Papierbilder sind jederzeit leicht vorzeigbar, bequem »in die Tasche zu stecken«, zur buchförmigen Zusammenfassung in Alben geeignet.
- Auschnittvergrößerungen sind leicht möglich.
- Durch Nachbearbeitung können besondere Effekte erzielt werden.
- Aufsichtsbilder eignen sich zur Einbeziehung in Texte ebenso wie zur bequemen Archivierung.

geben als ein Aufsichtsbild. Und bei einem gut gestalteten Bild blickt der Betrachter wie durch ein Fenster auf eine glaubwürdige, reale Szene.

Freilich, die Projektion fordert nicht nur einige Vorbereitungen von Ihnen, sondern auch die Anschaffung eines guten (!)

Niedrigempfindlicher Film – bei Farbe ist Kodachrome 25 ein hervorragendes Beispiel hierfür – zeichnet sich durch besonders hohe Auflösung und Wiedergabe feinster Details aus. Allerdings setzt sein Einsatz gutes Licht voraus.

Projektors und einer Projektionswand. Gerade am Projektionsobjektiv dürfen Sie nicht sparen, denn was nützen Ihnen die schärfsten Canon-Dias, wenn das Projektionsobjektiv nur die Hälfte der Qualität auf die Leinwand bringt? Dafür haben Sie jedoch eigenhändig alles »unter Kontrolle« – und kein Printer kann Ihren Bildern etwas anhaben. Eben weil dies so ist, sind Dias auch das einzige Mittel zu einer vernünftigen Prüfung der generellen Qualität Ihrer Ausrüstung. Papierbilder sind hierfür völlig untauglich, denn bei der Vergrößerung können sie völlig verfälscht werden. In keinem Fall sind sie ein Originalprodukt.

Diafilm erfordert höhere Belichtungsgenauigkeit

An die Belichtungsgenauigkeit stellt Diafilm wesentlich höhere Anforderungen als Farbnegativfilm – sein Belichtungsspielraum ist weitaus geringer. Entweder die Belichtung »sitzt«, oder die Dias werden zum Ausschuß. Eine gewisse Unterbelichtung ist dabei noch erträglich. Überbelichtung hingegen macht ein Dia unbrauchbar. Deshalb belichtet man Diafilm generell »auf die Lichter«, d.h. die hellen Motivteile, Negativfilm hingegen auf die Schatten. Beim letzteren Material spielt eine gewisse Über- oder Unterbelichtung keine so große Rolle, wenngleich die besten Ergebnisse natürlich noch immer von einem präzise belichteten Negativ kommen.

Sollten Sie übrigens an eine Veröffentlichung im Druck denken, kommen fast ausschließlich Diapositive in Frage.

Natürlich kann man auch von Aufsichtsbildern Lithos anfertigen, doch wird die Qualität im Druck merklich gegen Bilder abfallen, die von Farbdias gewonnen wurden.

Nachdem Sie sich entweder für einen Negativfilm (für Papierbilder) oder einen Umkehrfarbfilm (für Diapositive) und – beim letzteren – wahrscheinlich für Tageslichtmaterial ent-

Hochempfindlicher Film erfordert – im Vergleich zu niedrigempfindlichem – gewisse Abstriche an Auflösung und genereller Bildqualität, gestattet jedoch auch bei schlechtem Licht noch den Einsatz langer Brennweiten aus der Hand oder die Erzielung großer Schärfentiefe durch weitgehende Abblendung.

schieden haben, bleibt die Frage der Empfindlichkeit. Völlig unsinnig wäre es nämlich, schlicht »irgendeinen« Film zu kaufen. Für alle normalen Aufgaben sind Sie mit mittelempfindlichem Material zweifellos am besten bedient. Hierunter versteht man heute eine Empfindlichkeit von ISO 100/21°. Dieses Material ist inzwischen so ausgereift, daß z.B. Kodacolor Gold II 100 hervorragende Ergebnisse bringt, die dem Papierbild wesentliche Nachteile gegenüber dem Dia nehmen. Für den absoluten Schärfenfanatiker gibt es inzwischen Kodak Ektar sowie Ektapress, der die derzeit größtmögliche Schärfe im Aufsichtsbild bietet, was sich freilich erst richtig auswirkt, wenn Sie Ihre Negative stark vergrößern.

Bei den Diafilmen bietet sich für den Schärfenfanatiker nach wie vor Kodachrome 25 mit ISO 25/15° an, als Universalfilm hingegen Kodachrome 64 mit ISO 64/19° oder aber Ektachrome 100 HC bzw. X mit ISO 100/21°, in seiner verbesserten Form mit überzeugender Leistung.

Wenig sinnvoll wäre es, für die tägliche Fotografie generell zu höchstempfindlichem Film zu greifen, etwa zu einer Empfindlichkeit von ISO 1600/33°. Wenngleich z.B. der entsprechende Ektapress-Film Hervorragendes leistet, kann er in bezug auf Auflösungsvermögen nicht mithalten mit mittelempfindlichen (oder gar niedrigempfindlichen) Filmen.

Ständiger Einsatz von hochempfindlichem Material ist nicht ratsam

Niedrigempfindliche Filme wird man für Reproduktionen oder andere Sachaufnahmen wählen, die einen größtmöglichen Informationsinhalt erfordern, höchstempfindliche wiederum für die Available-Light-Fotografie oder allgemein ungünstige Lichtverhältnisse, für Innenaufnahmen sowie für den Einsatz langer Brennweiten, die einmal an geringere Objektivlichtstärke gebunden sind, zum anderen kurze Belichtungszeiten voraussetzen, die allein bei Aufnahmen aus der Hand scharfe Aufnahmen garantieren. Bei normalen Lichtverhältnissen würde Sie hingegen höchstempfindliches Material stets in sehr kleine Blenden und sehr kurze Verschlußzeiten drängen – und damit entfiele gerade jener fotografische Gestaltungsspielraum, den uns Blende und Verschlußzeit geben.

ASA	DIN	ISO	
12	12	12/12°	
16	13	16/13°	
20	14	20/14°	I
25	15	25/15°	
32	16	32/16°	
40	17	40/17°	
50	18	50/18°	II
64	19	64/19°	
80	20	80/20°	
100	21	100/21°	
125	22	125/22°	
160	23	160/23°	
200	24	200/24°	III
250	25	250/25°	
320	26	320/26°	
400	27	400/27°	
500	28	500/28°	
640	29	640/29°	
800	30	800/30°	
1000	31	1000/31°	
1250	32	1250/32°	IV
1600	33	1600/33°	
2000	34	2000/34°	
2500	35	2500/35°	
3200	36	3200/36°	

I = niedrigempfindliche Filme
II = mittel- oder normalempfindl. Filme
III = hochempfindliche Filme
IV = höchstempfindliche Filme

Gegenüberstellung der früher gebräuchlichen ASA- bzw. DIN-Werte für die Filmempfindlichkeit, die zusammengesetzt die heute gebräuchlichen ISO-Zahlen ergeben.

ISO oder ASA?

Mit Abkürzungen sind wir ja reich gesegnet heutzutage. So reich gar, daß man schnell die Waffen streckt, wenn man sich auf einem bestimmten Fachgebiet nicht genau auskennt.

Sollten Sie auf einer Filmschachtel ausnahmsweise nur die Angabe ASA finden und sich wundern, was das mit dem »ISO« auf dem Monitor der EOS zu tun hat, so seien Sie beruhigt. Der ISO-Wert setzt sich aus der früher im angelsächsischen Raum gebräuchlichen ASA-Zahl und der gleichfalls früher bei uns üblichen DIN-Empfindlichkeit zusammen. Auf Geräten finden Sie heute sowieso nur noch die erste der beiden ISO-Zahlen, die dann kühn als »ISO« ausgegeben wird. Verständlich, daß man mit Raum geizen muß, doch unverständlich, warum man erst eine neue Norm schaffen mußte, um sie sofort wieder zu kastrieren. Denn diese heute so genannte »ISO-Zahl« ist nichts weiter als der frühere ASA-Wert.

Der Filmtransport

Eine Besonderheit der EOS 5 ist ihr erstaunlich geringes Transportgeräusch – und mit diesem »Transport« ist natürlich der Film gemeint. Durch besondere Maßnahmen ist es Canon gelungen, das Geräusch der Vorwicklung und der Rückspulung so zu dämpfen, daß Sie als Fotograf selbst dann nicht mehr unangnehm auffallen werden, wenn bei einer irgendwie »feierlichen« Angelegenheit plötzlich das Filmende erreicht ist und die Kamera auf automatische Filmrückspulung schaltet. Die EOS 5 »flüstert« im wahrsten Sinne des Wortes.

Außer der Einzelbildschaltung, bei der der Film nach jeder Aufnahme automatisch um eine Bildlänge weitertransportiert

wird, bietet die EOS 5 zwei Reihenbildschaltungen: eine mit
max. 3 B/s und eine zweite mit max. 5 B/s. Die Umschaltung
erfolgt nach Druck auf die DRIVE-Taste an der Kamerarückwand durch Drehen des Einstellrads. Die »schnelle« Reihenbildschaltung wird außer den überlappten Rechtecken durch
den Buchstaben »H« gekennzeichnet.

Es versteht sich, daß die Erreichung der Höchstgeschwin-
digkeit nur mit einer leistungsfähigen Batterie und einer ausreichend kurzen Verschlußzeit möglich ist, denn natürlich muß
nicht nur die entsprechende Zeit fünfmal »Platz haben« in
einer Sekunde, sondern auch die Spiegelbewegung. In der
schnellen Reihenbildschaltung verringert sich die maximale
Bildfrequenz auf drei Bilder in der Sekunde, wenn Sie auf AI
SERVO (also Auslösepriorität mit Schärfennachführung)
schalten. Denn bei Schärfennachführung fokussiert die Kamera jede Aufnahme neu, während Schärfe und Belichtung in der
»langsamen« Reihenbildschaltung beim Druck auf den Auslöser gespeichert werden. So hat letztlich auch die Bewegungscharakteristik des Objekts erheblichen Einfluß auf die
tatsächlich erzielbare Bildfrequenz, und gegebenenfalls kann
sich bei AI SERVO eine etwas »holprige« Serie ergeben, wenn
die Kamera für einzelne Aufnahmen ein klein wenig länger zur
Fokussierung brauchen sollte als für andere.

Bei Schärfennachführung fokussiert die Kamera jede Aufnahme neu

Gut gehalten ist halb gewackelt

Vermutlich sehen auch Sie hin und wieder fern. Und wenn Sie
Glück haben, exerziert man Ihnen dann in irgendeinem Spiel-
film oder Werbespot vor, wie man *nicht* fotografieren sollte:
Kamera einigermaßen lose in der Hand – und dann stürzt sich
der Zeigefinger aus kühner Höh' auf den Auslöser und wuchtet
ihn in die Kamera. Aufnahme.

So hat es keinen Zweck. Denn bitte halten Sie sich eines
vor Augen: Wenn Sie absolut unscharfe Aufnahmen haben
möchten, brauchen Sie die Kamera bei der Auslösung nur
gründlich zu verreißen. Mit vornehm gespreizten Fingern verspricht die Fotografie nicht viel Erfolg. Was also sollten Sie
tun? Stützen Sie für Queraufnahmen die linke, untere Ecke
der Kamera auf der Daumenwurzel der linken Hand auf. Linker
Daumen und Zeige- bzw. Mittelfinger umspannen das Objektiv. Der kleine Finger der linken Hand stützt die Kamera im
rechten Drittel von unten ab. Die rechte Hand umfaßt den
Handgriff.

Für Hochaufnahmen stützen Sie die linke Seite der Kamera
auf dem linken Handteller ab. Die Finger umspannen wiederum das Objektiv. Die rechte Hand bleibt unverändert.

Der Finger sollte stets Kontakt mit dem Auslöser haben

richtig   falsch   richtig   falsch

Richtige Kamerahaltung ist weitaus wichtiger, als allgemein angenommen. Denn nur wenn die Kamera im Moment der Belichtung absolut ruhig steht, ist Ihnen optimale Bildschärfe sicher. Es lohnt sich deshalb, am Anfang ein wenig zu üben, bis die Griffe sitzen.

Der rechte Zeigefinger liegt auf dem Auslöser. Und dieses »Liegen« meine ich wörtlich! Der Finger hat stets Kontakt mit dem Auslöser und verändert lediglich den Druck. Er wird folglich weder nach einer Auslösung hochgerissen, noch stürzt er sich zur Auslösung auf den Auslöser herab! Der Übergang von der ersten zur zweiten Stufe des Auslösers erfordert sowieso ein wenig Feingefühl, und gelegentlich mag es geschehen, daß Sie eine Belichtung auslösen, obwohl Sie den Auslöser eigentlich nur antippen wollten.

Mit einer vernünftigen Kamerahaltung können Sie die Schärfe Ihrer Aufnahmen entscheidend verbessern. Freilich, nach einem kleinen Dauerlauf, mit fliegendem Puls, können Sie keine ruhige Hand mehr erwarten. Stützen Sie sich deshalb lieber irgendwo ab. Oder spreizen Sie die Beine leicht, ein Bein etwas vorgeschoben. Und dann ist es kein schlechter Gedanke, im Moment der Auslösung die Luft anzuhalten – genauso, wie es die Schützen tun. Denn je ruhiger die Kamera im Augenblick der Belichtung steht, um so besser können die hochkorrigierten Canon-Objektive ihre hervorragende Leistung unter Beweis stellen.

Der Selbstauslöser

Natürlich erfüllt Ihnen die EOS 5 auch den durchaus legitimen Wunsch, selbst in Ihren Aufnahmen nicht zu fehlen. Bei Bedarf sorgt die Kamera dafür, daß der Verschluß erst zehn Sekunden nach dem Druck auf den Auslöser abläuft.

Voraussetzung ist selbstverständlich, daß die Kamera auf einer festen Unterlage steht. Ideal ist ein Stativ, doch zur Not geht es auch ohne. Dann drücken Sie die Selbstauslösertaste vor dem LCD-Monitor. Darauf erscheint im Kästchen für die Filmtransportart das Selbstauslösersymbol. Anschließend wählen Sie den Bildausschnitt und tippen den Auslöser zur automatischen Entfernungs- und Belichtungseinstellung an. Sind Sie mit den Belichtungsdaten einverstanden, können Sie den Auslöser gleich zur Belichtung voll durchdrücken. Wenn Sie mit Augensteuerung fokussieren, muß sich das Auge bei der Auslösung in jedem Fall am Okular befinden und der Blick auf das gewünschte AF-Meßfeld gerichtet sein. Ohne Augensteuerung kann die Auslösung auch ohne Blick in den Sucher erfolgen. Canon empfiehlt für diesen Fall, das Sucherokular mit jenem Deckel zu verschließen, der am Schulterriemen der Kamera befestigt ist. Dies soll verhindern, daß Licht von hinten in den Sucher einfällt und die Belichtungsmessung verfälscht. Die Verrenkung können Sie sich jedoch sparen, wenn Sie das Okular bei der Auslösung einfach mit der Hand abschatten.

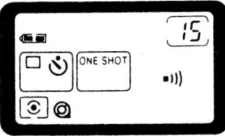

Das Selbstauslösersymbol markiert die Einstellung im Monitor.

Würden Sie sich beim Druck auf den Auslöser allerdings *vor* die Kamera stellen, dann hätte dies schwerwiegende Folgen: Sie würden der Kamera buchstäblich die Sicht versperren! Kommen Sie also nicht in die Versuchung, erst mit dem Auge am Okular bei angetipptem Auslöser alles einzustellen, den Auslöser dann freizugeben und vor der Kamera endgültig auszulösen. Entfernungs- und Belichtungseinstellung würden dann auf ihre stolzgeschwellte Brust erfolgen.

Ein voller Druck auf den Auslöser setzt den Ablauf in Gang. Bis zur Belichtung ertönen Signaltöne, deren Frequenz sich 2 s vor dem Verschlußablauf erhöht. Diese letzten beiden Sekunden blinkt zusätzlich die rote Leuchtdiode an der Kameravorderseite. Sollten Sie sich die Sache noch anders überlegen, können Sie den Countdown abbrechen, indem Sie die Selbstauslösertaste neuerlich drücken. In diesem Fall bleibt die Kamera auf Selbstauslöser geschaltet, und jeder weitere Druck auf den Auslöser führt zu einer Selbstauslöseraufnahme. Ein Programmwechsel (durch Drehen der Wählscheibe) ändert nichts an der Selbstauslöserschaltung, solange Sie nicht die L-Stellung überfahren – Ausschaltung der Kamera löscht die Selbstauslöserschaltung. Zur Rückstellung vor einer Auslösung drücken Sie die Selbstauslösertaste erneut.

Der Selbstauslöserablauf kann jederzeit abgebrochen werden.

Der Selbstauslöser ist übrigens für mehr gut als nur dazu, Sie selbst mit aufs Bild zu bringen. Einmal kann er bei Aufnahmen vom Stativ für verwacklungsfreie Auslösung sorgen. Nach demselben Prinzip hilft er Ihnen gegebenenfalls, wenn

Mit dem eingebauten Selbstauslöser können Sie sich alle Zufälligkeiten eines »fremden Drucks aufs Knöpfchen« sparen. Sie müssen sich nur eine stabile Unterlage für die Kamera suchen.

Sie die Sucheranzeige der Verschlußzeit daran erinnert, daß das Licht für Aufnahmen aus der Hand schon zu schwach ist. Blitzen gut und schön, doch blitzen Sie mal den Eiffelturm in der Dämmerung! Das geht natürlich nicht, denn das Blitzlicht reicht ja nur wenige Meter weit. Also bleibt nichts übrig, als sich nach einer sicheren Auflage für die Kamera umzusehen: ein Geländer, eine Bank – irgend etwas. Für Hochaufnahmen darf es auch eine Wand oder ein Baum sein, an die Sie die Kamera anlehnen. Und dann kommt der Selbstauslöser zu seinem Recht, denn bis zum Verschlußablauf sind die Auslöseschwingungen längst abgeklungen. Mit diesem kleinen Trick läßt sich noch manche stimmungsvolle Aufnahme retten.

Die maßgeschneiderte EOS 5

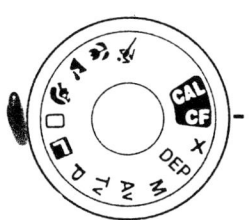

Individuelle Programmierung eingebaut

Die Elektronik der EOS 5 ist so leistungsfähig, daß Sie eine ganze Reihe von Funktionen sogar nach Ihren persönlichen Bedürfnissen mit wenigen Tastendrücken umprogrammieren können. Auch in diesem Punkt steht Canon recht konkurrenzlos da, denn andere Kameras kennen diese Möglichkeit entweder überhaupt nicht, oder aber sie verlangen nach Zubehör, das erstens Geld kostet und zweitens zu zusätzlichem Ballast wird, weil es eben irgendwo verstaut, hervorgekramt und weggepackt werden muß. Die EOS schüttelt all das – eingebaut – aus dem Ärmel.

Sechzehn Funktionen sind es, die sich an der EOS 5 auf diese Weise umpolen lassen. Mit Sicherheit werden Sie sich nicht für alle interessien, doch das ist auch nicht Sinn der Sache. Wenn Sie nur eine entdecken, die Ihnen einen Herzenswunsch erfüllt, hat sich der Aufwand schon gelohnt. Die Einstellung selbst ist Sekundensache. Wenn Sie die Wählscheibe auf »CF« drehen, erscheinen diese beiden Buchstaben im Monitor. Sie stehen für »Custom Function«. Daneben steht im Normalfall eine Null: Die Normalfunktion ist in Betrieb. Ein Druck auf die Speichertaste schaltet die Anzeige auf »1«: Die Kamera ist alternativ programmiert. Dann drehen Sie die Wählscheibe wieder auf eine normale Position. Zur Rückstellung auf Null genügt ein Druck auf die Speichertaste.

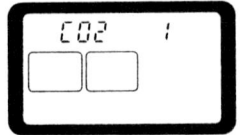

Der Monitor zeigt die Funktionsnummer sowie »0« für Normalfunktion bzw. »1« für geänderte Funktion.

Die Leichtigkeit, mit der sich die einzelnen Funktionen umpolen lassen, erhöht den Gebrauchswert der individuellen Programmierung ganz beträchtlich.

Funktion 1: Schnellrückspulung

Die normale Filmrückspulung in der EOS 5 ist bereits ein Genuß. Sanft wie ein Kätzchen schnurrt die Kamera – kaum hörbar – bei der Rückspulung. Besonders Eilige haben die Möglichkeit, die Rückspulgeschwindigkeit mit dieser Funktion auf gut das Doppelte zu erhöhen. Logisch, daß das mit etwas mehr Geräusch verbunden ist. Doch es ist immerhin noch deutlich leiser als bei einer »normalen« Kamera.

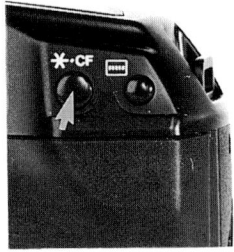

Die Umschaltung zwischen Normalfunktion und geänderter Funktion erfolgt durch Druck auf die Speichertaste.

Funktion 2: Filmzunge außerhalb der Patrone

Normalerweise wird die Filmzunge bei der motorischen Rückspulung des Films voll in die Patrone zurückgespult – ein durchaus sinnvoller Schutz vor Wiedereinlegen ein und desselben Films. Damit Sie bei Selbstverarbeitung des Materials nicht die Filmpatrone aufbrechen müssen, um den Film zu entnehmen, oder aber teilbelichtete Filme wieder einlegen können, läßt sich die EOS 5 mit Funktionsziffer 2 so umprogrammieren, daß die Filmzunge außerhalb der Patrone bleibt.

Ich würde Ihnen empfehlen, die Kamera generell auf diese Funktion zu programmieren. Dies gibt Ihnen große Flexibilität, denn so wird es zur Kleinigkeit, einen teilbelichteten Film zu entnehmen, um zwischendurch Material mit anderer Empfindlichkeit einzusetzen. (Ich habe mir angewöhnt, voll belichtete Filme von Hand ganz in die Patrone zurückzuspulen.)

Die Filmzunge außerhalb der Patrone erleichtert das Wiedereinlegen teilbelichteter Filme.

Um zu verhindern, daß sich die Filmzunge bei geöffneter Rückwand im Falle einer Verschlußauslösung in den Verschlußlamellen verfängt und diese beschädigt, läuft der Verschluß bei Programmierung der Kamera auf Funktion 2 ungeachtet der Einstellung mit sehr kurzer Zeit ab, sobald die Rückwand geöffnet ist.

Funktion 3: Filmempfindlichkeitseinstellung

In der Grundeinstellung tastet die Kamera den DX-Code automatisch von der Filmpatrone ab, so daß Sie sich bei DX-codierten Filmen – und das sind heute die meisten – nicht um die Filmempfindlichkeitseinstellung zu kümmern brauchen. Trotzdem können Sie diese automatische Einstellung jederzeit manuell überspielen. Eine dergestalt geänderte Einstellung »vergißt« die Kamera jedoch wieder, sobald Sie die Filmpatrone entnehmen.

Mit CF 3 bleibt die manuell eingestellte Empfindlichkeit erhalten

Engagierte Fotografen verlassen sich häufig nicht auf die vom Hersteller angegebene Nennempfindlichkeit des Materials, sondern bestimmen nach Testaufnahmen, auf welche Empfindlichkeit sie Film einer bestimmten Emulsionsnummer für ihre Zwecke belichten wollen. Und da wäre es natürlich lästig, wenn sie diese (abweichende) Empfindlichkeit für jeden Film einzeln einstellen müßten. Mit CF 3 läßt sich die EOS deshalb generell auf manuelle Empfindlichkeitseinstellung programmieren. Diese Einstellung bleibt auch bei der Entnahme der Filmpatrone erhalten, wie dies früher bei jeder Kamera üblich war. Damit wird diese Funktion auch für die nichtprofessionelle Fotografie interessant, sobald man überwiegend Material ein und derselben Nennempfindlichkeit verwendet, jedoch grundsätzlich ein wenig länger oder kürzer belichten möchte.

Funktion 4: Autofokus mit Speichertaste

In dieser Funktion führt ein Druck auf die Speichertaste zur automatischen Scharfeinstellung, während die Belichtungsmessung durch Antippen des Auslösers erfolgt.

Schnelle Umschaltung gestattet häufigen Wechsel

Nachdem sich sämtliche Sonderfunktionen spielend ein- und ausschalten lassen, wird Ihnen ein wenig Experimentieren am schnellsten zeigen, ob und wann eine Vertauschung der Funktionen von Speichertaste und Auslöser Vorteile für Ihre Art der Fotografie bringt. Grundsätzlich ist die Trennung von AF und Belichtung auch in der Normalfunktion möglich, so daß Funktion 4 lediglich zu einer weiteren Spielart wird.

Funktion 5: Auslösesperre

Normalerweise ist es möglich, beliebig viele Aufnahmen mit der gespeicherten Scharf- und Belichtungseinstellung zu machen, indem man nach einer Auslösung den Auslösedruck nur so weit verringert, daß der Auslöser zum Druckpunkt zurückkehrt. Mit Funktion 5 läßt sich dies ausschalten: Der Auslöser bleibt dann im Druckpunkt nach jeder Auslösung gesperrt; eine weitere Auslösung ist erst nach kurzer Freigabe des Auslösers möglich.

Funktion 6: Schärfenspeicherung bei Auslösepriorität

In Auslösepriorität (AI SERVO) ist eine Schärfenspeicherung normalerweise nicht möglich und meist auch nicht sinnvoll. Doch Ausnahmen bestätigen die Regel, und so bietet die EOS 5 auch hier eine Alternative: Funktion 6 polt die Speichertaste so um, daß sie bei AI SERVO auf Autofokus wirkt. Voilà – schon ist Schärfenspeicherung auch bei Auslösepriorität möglich.

Ausnahmen bestätigen die Regel

Funktion 7: Autofokus-Meßblitze

Sollte in Sonderfällen das Aufleuchten des eingebauten AF-Hilfsilluminators bei schwachem Licht – vielleicht sogar bei völliger Dunkelheit – stören, kann die Abgabe von Meßblitzen mit dieser Funktion völlig unterbunden werden.

Funktion 8: Keine Abschaltung der ME-Funktion

Nach Belichtung der vorgewählten Anzahl von Mehrfachbelichtungen verläßt die Kamera diese Funktion normalerweise automatisch. Wenn Sie mehrere Mehrfachbelichtungen hintereinander planen, können Sie sich die jeweilige Neueinschaltung der ME-Funktion sparen, indem Sie CF 8 auf »1« schalten. Die jeweils aktuelle Bildnummer läßt sich in den Bildzähler rufen, indem Sie den Auslöser nach der letzten Aufnahme einer Serie nicht freigeben, sondern angetippt halten. Zur Rückstellung auf normalen Betrieb müssen Sie die Anzahl der gewünschten Mehrfachbelichtungen auf »1« zurückstellen.

Funktion 9: Synchronzeit 1/200 s bei Zeitautomatik

Normalerweise wird die Synchronzeit im Programm der Zeitautomatik beim Blitzen auf die Allgemeinhelligkeit des Motivs abgestimmt, damit keine »schwarzen Löcher« entstehen und der Hintergrund der Aufnahme Atmosphäre verleihen kann. Bei sehr großer Allgemeinhelligkeit jedoch kann es dabei bei den angeblitzten Vordergrunddetails zu doppelten Konturen kommen, weil nach dem Blitz die Allgemeinhelligkeit auch im

Fürs Blitzen bei guter Allgemeinbeleuchtung

Vordergrund wirksam wird. Bewegen sich die Vordergrund-strukturen – oder wird die Kamera nicht völlig ruhig gehalten –, entsteht störende Unschärfe.

Funktion 9 gestattet die Festschreibung der 1/200 s als Synchronzeit bei Zeitautomatik.

Funktion 10: AF-Meßfelder leuchten nicht

Für die Schärfentiefen-kontrolle ohne Augen-steuerung

Normalerweise zeigt die EOS 5 nach der automatischen Fo-kussierung durch Aufleuchten des jeweiligen Meßrahmens an, welches oder welche Meßfelder für die Einstellung in Betrieb waren. Stört Sie dies, können Sie sich mit Funktion 10 optische Ruhe verschaffen.

Funktion 11: Schärfentiefenkontrolle

Solange Sie mit augengesteuerter Scharfeinstellung fotogra-fieren, kostet Sie die Abblendung zur Schärfentiefenkontrolle auf der Mattscheibe nur einen schnellen Blick auf die Visier-marke links oben im Sucher. Fertig. In den anderen AF-Be-triebsarten schaffen Sie eine Möglichkeit zur optischen Schär-fentiefenkontrolle, indem Sie die Speichertaste auf Abblend-taste umpolen. Und dann verfahren Sie wie folgt:

Tippen Sie den Auslöser zur automatischen Fokussierung und Belichtungseinstellung an. Drücken Sie danach die Spei-chertaste – das Objektiv blendet auf Arbeitsblende ab. Gleich-zeitig wird die Belichtungseinstellung gespeichert. Bei alledem brauchen Sie die Speichertaste nicht gedrückt zu halten! Mit gespeicherter Belichtungseinstellung können Sie jederzeit neu fokussieren. Möchten Sie andererseits die Belichtung – ohne Beeinflussung der Scharfeinstellung – einem veränder-ten Ausschnitt anpassen, genügt erneuter Druck auf die Spei-chertaste.

Solange Sie die Speichertaste gedrückt halten, bleibt die Kamera auf Arbeitsöffnung abgeblendet, und Sie können die Schärfentiefe bequem im Sucher prüfen.

Funktion 12: Spiegelvorauslösung mit Selbstauslöser

Arbeitsblende auf Knopfdruck

Normalerweise klappt der Spiegel im Selbstauslöserbetrieb unmittelbar vor dem Verschlußablauf hoch. Mit Funktion 12 können Sie ihn dazu bewegen, sich bereits beim Druck auf den Auslöser in Marsch zu setzen. Der Verschluß öffnet sich zwei Sekunden später. Und das heißt, daß bis dahin auch geringe Restschwingungen abgeklungen sind. Bedeutung erlangt die Spiegelvorauslösung bei Nahaufnahmen oder Reproduktionen, bei denen das Hochklappen des Spiegels unmittelbar vor dem Verschlußablauf unter Umständen die Bildschärfe beeinträchtigen könnte.

Funktion 13: Abschaltung des Meßwerktimers

Wenn es Ihnen sehr darauf ankommt, Batteriestrom zu sparen, dann können Sie mit CF 13 jenen Timer ausschalten, der das AF- und Belichtungsmeßsystem sechs Sekunden nach Freigabe des Auslösers ausschaltet. Dann erlischt jegliche Anzeige sofort mit Freigabe des Auslösers.

Etwas für Sparsame...

Allerdings tun Sie sich dann schwer, wenn Sie zum Beispiel in Programmautomatik die Zeit/Blendenpaare verschieben oder bei Spotmessung die Belichtung speichern möchten, denn stets muß der Auslöser oder eine Taste gedrückt sein – sonst geht nichts. Allein deshalb dürfte die Abschaltung dieses Timers für den normalen Aufnahmebetrieb eher von Nachteil sein.

Funktion 14: Blitzsynchronisation auf den zweiten Vorhang

Diese Schaltung betrifft ausschließlich das eingebaute Blitzgerät. Bei Einschaltung von CF 14 erfolgt die Blitzsynchronisation nicht mehr auf den ersten, sondern auf den zweiten Verschlußvorhang. Einen sichtbaren Effekt ergibt dies jedoch erst bei relativ langen Belichtungszeiten. Bei kürzeren Synchronzeiten würde kein Unterschied sichtbar. Was es genau mit dieser Synchronisationstechnik auf sich hat, lesen Sie im Blitzkapitel.

Funktion 15: Verknüpfung von Spotmessung und aktivem AF-Meßfeld

Normalerweise ist das Spotmeßfeld um das zentrale AF-Meßfeld angeordnet. Mit CF 15 jedoch kann es – bei augengesteuerter Scharfeinstellung oder manuell gewähltem AF-Meßfeld – auch auf das aktive Meßfeld gelegt werden. Dies dürfte jedoch nur in seltenen Ausnahmefällen in Frage kommen, denn eine so gezielte Belichtungsmessung auf den engbegrenzten Bereich der Scharfeinstellung erscheint in der Praxis sehr fragwürdig.

Eine neue Form der Spotmessung

Funktion 16: Abschaltung der automatischen Blitzleistungskorrektur

Fürs Aufhellblitzen bei starkem Gegenlicht

Die Leistung des eingebauten Blitzgeräts wird im Normalfall automatisch auf die Allgemeinhelligkeit abgestimmt, so daß sich beim Aufhellblitzen eine insgesamt ausgewogene Belichtung ergibt. Bei sehr starkem Gegenlicht allerdings kann das System den Blitzhahn zu weit zudrehen, so daß die Aufhellung nicht ausreicht. In einem solchen Fall kann die automatische Leistungskorrektur mit CF 16 abgeschaltet werden, so daß das Gerät die volle Energie abblitzt.

Anmerkung: Es ist offensichtlich, daß sich die Funktionen CF 4, CF 6 und CF 11 gegenseitig ausschließen, weil sie die Umpolung ein und desselben Bedienungselements betreffen. Bei gleichzeitiger Einschaltung mehrerer dieser Funktionen hat stets CF 4 Vorrang.

Die individuell programmierbaren Funktionen auf einen Blick

CF	Grundprogramm (0)	Umprogrammiert auf (1)
1	Rückspulgeschwindigkeit normal	Schnellrückspulung
2	Filmzunge voll in Patrone	Filmzunge außerhalb Patrone
3	Filmempfindlichkeitseinstellung automatisch	manuelle Empfindlichkeitsein-
4	AF beim Antippen des Auslösers	AF bei Druck auf Speichertaste
5	Mehrere Auslösungen aus Druckpunktstellung möglich	Auslöser nach Aufnahme in Druckpunktstellung gesperrt
6	Schärfenspeicherung in AI SERVO nicht möglich	Schärfenspeicherung in AI SERVO mit Speichertaste
7	AF-Meßblitze aktiv	AF-Meßblitze abgeschaltet
8	ME-Funktion schaltet automatisch ab	ME-Funktion bleibt nach Aufnahme-Ende eingeschaltet
9	Automatische Einstellung der Synchronzeit bei Av	Synchronzeit bei Av feste 1/200 s
10	Aktive(s) Meßfeld(er) leuchten	Nichtleuchtende Meßfelder
11	Schärfentiefenkontrolle nur bei Augensteuerung möglich	Schärfentiefenkontrolle auf Knopfdruck
12	Spiegel klappt am Ende der Vorlaufzeit hoch	Spiegelvorauslösung im Selbstauslöserbetrieb
13	Meßsysteme schalten 6 s nach Freigabe des Auslösers ab	Meßsysteme schalten bei Freigabe des Auslösers ab
14	Blitzsynchronisation auf ersten Vorhang	Blitzsynchronisation auf zweiten Vorhang
15	Spotmeßfeld gleich zentralem AF-Meßfeld	Spotmeßfeld gleich aktivem AF-Meßfeld
16	Automatische Blitzleistungskorrektur	Automatische Blitzleistungskorrektur abgeschaltet

Blitzaufnahmen mit der EOS 5

Das eingebaute Blitzgerät oder ein System-Blitzgerät im Zubehörschuh der EOS 5 machen Sie über kürzere Abstände unabhängig von den Lichtverhältnissen. Dabei bieten diese

Das normalerweise dezent im Prismengehäuse verborgene, eingebaute Blitzgerät entpuppt sich als recht leistungsfähige »Taschensonne«. Sein Reflektor zoomt mit der Brennweitenverstellung eines Zoomobjektivs bis maximal 80 mm Brennweite. Diese stärkere Bündelung des Lichts verbessert die Lichtausbeute.

Geräte im Verein mit der Kameraelektronik einen so hohen Bedienungskomfort, daß der rein technische Aspekt jeden Schrecken verliert.

In diesem Zusammenhang begegnen uns immer wieder die drei Buchstaben TTL, die wir schon von der normalen Belichtungsmessung in Spiegelreflexkameras her kennen. Sie stehen für »Through The Lens« und sagen uns, daß das Licht – welches auch immer – im Innern der Kamera gemessen wird.

Die grundlegende Technik ist nicht mehr neu: Die Kamera verfügt über eine zusätzliche Meßzelle im Spiegelkasten, die nach hinten in Richtung Film blickt und im Blitzbetrieb das von der Filmoberfläche reflektierte Licht erfaßt. Sobald ein konstruktiv vorgegebener Schwellenwert erreicht ist, schaltet die Kamera den Lichtfluß des Blitzgeräts ab. All das vollzieht sich in unvorstellbar kurzer Zeit, nämlich während der Dauer des für unser Auge so schnell wieder verloschenen Blitzes.

Die Vorteile dieses Verfahrens liegen auf der Hand: Die Blitzmeßzelle in der Kamera erfaßt, getreu dem Prinzip der Innenmessung, nur das, was effektiv auf dem Film ankommt.

So spielt es keine Rolle, ob ein Filter auf dem Objektiv die Lichtintensität verringert, wie weit das Objektiv abgeblendet ist, welche Brennweite wirksam wird usw.

Damit es den Rätselfreunden nicht zu langweilig wird, hat Canon ein neues Kürzel erfunden. Mit A-TTL (Advanced TTL) bezeichnet man eine weiterentwickelte Form der Blitzinnenmessung. Hier wird nicht nur das auf dem Film ankommende Blitzlicht gemessen, sondern gleichzeitig die Allgemeinbeleuchtung des Motivs. Bei der Dosierung des Blitzes berücksichtigt die Kamera dann beide Komponenten, so daß sich eine ausgewogene Allgemeinbelichtung des Motivs ergibt. Damit entfallen einmal die so unschönen »schwarzen Löcher« in Blitzaufnahmen, zum anderen wird damit das Aufhellblitzen bei Tage zum Kinderspiel.

Das eingebaute Blitzgerät

Als »blinder Passagier« reist diese kleine Zusatzsonne mit und springt stets dann ein, wenn das vorhandene Licht nicht ausreicht. Daß sich dies nur auf den relativen Nahbereich beziehen kann, liegt auf der Hand. Den Eiffelturm können Sie natürlich nicht blitzen.

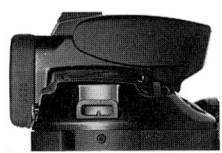

Ein Zoomreflektor im eingebauten Blitzgerät ergibt eine gleitende Leitzahl.
In den Kreativprogrammen wird das eingebaute Blitzgerät durch Druck auf die Blitztaste vor dem LCD-Monitor ausgeklappt und eingeschaltet.

Für seine Klasse ist dieser Mini-Blitz bereits »ein starkes Stück«, denn Leitzahl 13 - 17 gilt nach dem heutigen Stand der Dinge als hoch für ein eingebautes Gerät dieser Art. Die gleitende Leitzahl ergibt sich aus der Tatsache, daß der Blitzreflektor mit der Brennweite(neinstellung) des Objektivs zoomt: von 28 mm über 50 mm bis auf 80 mm. (Jede längere Brennweite ist natürlich auch mit dieser Einstellung einsetzbar.) Durch diese zunehmende Bündelung wird die Energie konzentriert und somit die Reichweite vergrößert. Und dies ist auch dringend nötig, denn moderne Zoomobjektive lassen in bezug auf die Lichtstärke geradezu haarsträubend Federn, wenn es an etwas längere Brennweiten geht. So beziehen sich die von Canon zu diesem Blitzgerät gemachten Angaben auf Verwendung des EF 1:3,5-5,6/28-80 mm USM. Und wie Sie sehen, verringert sich die Lichtstärke dieses Objektivs über den Bereich von 28 - 80 mm um volle 1 1/2 Blendenstufen! So addieren sich zwei Effekte: Bei Einsatz einer längeren Brennweite wird sich das Motiv oft ein wenig weiter weg befinden als bei einer kurzen. Und zum längeren Lichtweg kommt noch die Verringerung der Energie um 1,5 Blendenstufen.

Jetzt wird auch klar, warum sich bei ISO 100/21° – denn natürlich spielt auch die Filmempfindlichkeit eine Rolle – für Negativfilm bei 28 mm (und 1:3,5) eine maximale Reichweite von 5,3 m ergibt, bei 80 mm trotz höherer Leitzahl jedoch nicht mehr, weil dann nur noch Lichtstärke 1:5,6 zur Verfügung steht. Diese Werte sind bereits recht anständig und für normale Zwecke ausreichend. Bei Diafilm, der keinen so großzügigen Belichtungsspielraum hat wie Negativfilm, sind die Grenzen allerdings viel enger gesteckt. Hier bleiben Ihnen bei 28 mm nur 3,7 m, bei 80 mm 3,8 m.

Setzen Sie hingegen hochempfindlichen Film mit ISO 400/27° ein, so verdoppeln sich die genannten Entfernungen, und Sie kommen (mit Negativfilm) selbst bei 80 mm auf eine Reichweite von stolzen 10,7 m. Und damit sind Sie König – mit dem eingebauten Mini-Blitzer.»Im Familienkreis« werden Sie diese Reichweite jedoch nicht einmal brauchen, sondern auch mit normaler Empfindlichkeit auskommen.

Mit hochempfindlichem Film schaffen Sie über 10 m

Eine Besonderheit des eingebauten Blitzgeräts ist die Möglichkeit, seine Leistung im Bereich von ± 2 LW halbstufig zu korrigieren. Dies ist jedoch nur in den Kreativprogrammen möglich! Die Einstellung geht »blitz«-schnell: Bei eingeschalteter Kamera Blitztaste drücken, so daß das Blitzgerät ausklappt. Blitztaste erneut drücken und mit dem Einstellrad den gewünschten Faktor einstellen. Dann führt ein neuerlicher Druck auf die Blitztaste oder Antippen des Auslösers zur Übernahme der Einstellung, die sowohl im Sucher als auch auf dem Monitor angezeigt wird.

Es versteht sich, daß das eingebaute Blitzgerät nur allein benutzt werden kann. Beim Einsatz eines der aufsteckbaren System-Blitzgeräte muß das eingebaute Gerät eingeklappt sein! Ein Deckel im Zubehörschuh der Kamera setzt das eingebaute Blitzgerät gleichfalls außer Gefecht.

Der eingebaute Blitz kann nicht mit einem externen Blitzgerät kombiniert werden

Die Synchronzeit

Von der Erläuterung des Funktionsprinzips des Schlitzverschlusses wissen wir, daß er das Bildfenster nur bis zu einer gewissen Grenze einmal wenigstens ganz kurz voll freigibt, weil sich kürzere Zeiten nur durch Bildung eines wandernden Schlitzes erzielen lassen. In der EOS 5 ist diese kürzeste Verschlußzeit, mit der sich Elektronenblitz noch synchronisieren läßt, die 1/200 s. Bei Nacht spielt eine möglichst kurze Synchronzeit keine so große Rolle. Bei Tage jedoch, beim Aufhellblitzen, erlangt sie eminente Bedeutung, denn je länger dabei die Belichtungszeit, um so kleiner wird die Arbeitsblende ausfallen, um eine Überbelichtung durch das helle Tageslicht zu verhindern. Doch was bedeutet eine kleine Blende für den Blitz? Richtig, er wird buchstäblich »abgeschnitten«, seine an sich schon nicht grenzenlose Energie wird weiter verringert. Und damit natürlich auch seine Reichweite. Fazit: Längere

Elektronenblitz ist nicht mehr wegzudenken aus der Fotografie von heute. Dank ihres eingebauten Blitzgeräts ist die EOS 5 – im entsprechenden Entfernungsbereich – immer und überall gerüstet, schöne Erinnerungen für Sie festzuhalten.

Synchronzeiten machen den Aufhellblitz eines »Eingebauten« praktisch wirkungslos, weil durch die kleine Blende nicht mehr genug Blitzlicht hindurchkommt. Mit der 1/200 s als obere Grenze bietet die EOS 5 gute Voraussetzungen für die Nutzung des Blitzes auch bei Tageslicht.

Blitzen in den Automatikprogrammen

Im unteren Bereich der Wählscheibe geht alles automatisch. Auch das Blitzen. Wann immer die Kamera es für richtig hält, klappt sie (bei angetipptem Auslöser) automatisch das Blitzgerät aus, und spätestens zwei Sekunden später meldet Ihnen die Bereitschaftslampe im Sucher Zündbereitschaft. Nach der oder den Aufnahmen wird das Gerät automatisch wieder eingefahren.

Gemessen wird das vom Film reflektierte Blitzlicht

Die Kamera stellt automatisch eine Verschlußzeit zwischen 1/60 s und 1/200 s ein. Sie bedient sich dabei des TTL-Blitzprogramms, in dem die Intensität des von der Filmoberfläche reflektierten Lichts gemessen wird. Dies geschieht über eine eigene Fotozelle, die im Boden des Spiegelkastens eingebaut und nach hinten auf die Filmebene gerichtet ist.

Für alle allgemeinen Aufnahmen, bei denen Sie der Kamera möglichst weitgehend freie Hand lassen wollen, schalten Sie auf Vollautomatik (grünes Rechteck). Dabei nehmen Sie allerdings in Kauf, daß der Blitz auch dann vorwitzig sein Haupt erhebt, wenn dabei eigentlich gar nichts rauskommen kann. Wir hatten darüber gesprochen. Das ist der Preis für Vollautomatik (und geistiges Wegtreten).

Möchten Sie bei ansonsten automatischer Belichtungsregelung selbst entscheiden, wann geblitzt wird und wann nicht, dann schalten Sie auf Programmautomatik (P). Die Initiative zur Blitzbenutzung muß hier allerdings von Ihnen kommen. Die Verschlußzeitenanzeige im Sucher sollte Sie veranlassen, den Blitz durch Druck auf die Blitztaste neben der Wählscheibe auszuklappen und einzuschalten. Dies gilt auch für jedes der nachstehend beschriebenen Belichtungsprogramme. Nach der oder den Aufnahmen klappen Sie das Gerät wieder ein. Bleibt es ausgefahren, zündet es bei jeder Auslösung.

Bei P zündet der Blitz nicht automatisch

Blitzen mit Blendenautomatik (Tv)

Hier geben Sie bekanntlich die Verschlußzeit vor. Dafür steht Ihnen der gesamte Bereich von 30 s bis 1/200 s zur Verfügung. Sollten Sie vorwitzigerweise eine noch kürzere Zeit einstellen, wird Sie die Kamera in die Grenzen weisen und stur auf 1/200 s zurückschalten – damit Sie keine nur teilbelichtete Aufnahme

verewigen. Die Blende wird automatisch auf eine den Gegebenheiten und der vorgewählten Verschlußzeit entsprechende Öffnung eingestellt.

Das Blitzen mit Blendenautomatik empfiehlt sich bei Nacht-, Dämmerungs- oder Innenaufnahmen, wenn Sie der Bildung »schwarzer Löcher« gezielt entgegenwirken möchten. Denn eines sollten Sie unbedingt einmal ausprobieren: Stellen Sie eine *längere* Synchronzeit ein, je nach der Stärke der Allgemeinbeleuchtung vielleicht 1/30 s oder 1/15 s. Was passiert? Das Vordergrundmotiv, auf dem die Schärfe liegt – vermutlich

Wenn Sie eine angemessen längere Synchronzeit vorgeben, kann sich Dauerlicht im Hintergrund im Bild durchsetzen, so daß die Aufnahme insgesamt »rund« wird: Der Blitz wird nicht zur alleinigen, im Bild wirksamen Lichtquelle; die Atmosphäre stimmt.

Auch bei dieser Aufnahme sorgte eine etwas längere Synchronzeit dafür, daß die Personen nicht vor einem weitgehend schwarzen Hintergrund stehen.

Längere Synchronzeit schafft Atmosphäre

eine Person –, wird vom Blitz dank seiner kurzen Leuchtdauer scharf festgehalten. Der Hintergrund fällt wahrscheinlich sowieso in den Unschärfenbereich und würde bei einer kurzen Synchronzeit nur mehr als schwarzes Loch kommen – eine typische Blitzaufnahme! Mit längerer Synchronzeit jedoch hat er Gelegenheit, mit der vorhandenen Allgemeinbeleuchtung auf die Emulsion einzuwirken. Und plötzlich wird aus dem schwarzen Loch ein stimmungsvolles Bild. Die Unschärfe des Hintergrunds spielt keine Rolle, auch wenn vielleicht 1/15 s zusätzliche Verwacklungsunschärfe einführt. Wichtig ist allein die atmosphärische Wirkung dieses Hintergrunds. Der Vorteil der Blendenautomatik ist es, daß Sie die Synchronzeit auf die Stärke des Dauerlichts im Hintergrund abstimmen können.

Blitzen mit Zeitautomatik (Av)

Diesmal ist es die Blende, die Sie vorgeben. Die Kamera sucht sich dazu eine passende Verschlußzeit zwischen 30 s und 1/200 s. Damit trägt sie automatisch der Hintergrundhelligkeit Rechnung, doch Sie müssen die Verschlußzeit im Sucher gut im Auge behalten: Wird sie nämlich zu lang, erhält auch das angeblitzte Vordergrundobjekt doppelte Konturen, und Sie müßten die Kamera aufstützten. Durch Änderung der Blendeneinstellung läßt sich die resultierende Zeit manipulieren, allerdings auch nur bei Verwendung eines lichtstarken Objektivs, wozu die populären Zoomobjektive mit Sicherheit nicht zählen.

Blitzen mit Handeinstellung (M)

Hier sind *Sie* der Chef. Sie wählen Blende und Verschlußzeit vor, letztere jedoch nicht kürzer als 1/200 s. Allerdings ist es kein Beinbruch, wenn Sie versehentlich in eine kürzere Zeit geraten, denn die Kamera stellt sie automatisch auf 1/200 s zurück. Sie können also eigentlich gar nichts falschmachen – blitztechnisch zumindest.

Bis zur kürzesten Synchronzeit ist alles möglich

Die leidige Vignettierung

Licht und Schatten gehen Hand in Hand. Der Nachteil eines eingebauten Blitzgerät ist es, daß es sehr nah an der Aufnahmeachse sitzt. Haben Sie jetzt ein »dickes« Objektiv an der Kamera oder aber eine Gegenlichtblende aufgesetzt, dann bleibt das Blitzlicht buchstäblich daran hängen – Sie handeln sich Vignettierung ein. Das gilt für besonders lichtstarke Zoomobjektive, wie zum Beispiel das EF 1:2,8/20-35 mm L oder EF 1:2,8-4/28-80 mm L USM, für langbrennweitige Zooms, wie das EF 1:2,8/80-200 mm L oder das (nicht mehr im Programm befindliche) EF 1:3,5-4,5/50-200 mm L, und schließlich für die »dicken Berthas«, jene superlichtstarken Fernobjektive wie das EF 1:2,8/300 mm L USM usw., mit denen der Einsatz des eingebauten Blitzgeräts sowieso etwas seltsam anmutet.

»Dicke« Objektive schatten das Blitzlicht ab

Somit heißt die Devise: Gegenlichtblende zum Blitzen abnehmen (Achtung bei Vollautomatik: Dann müssen Sie *stets* ohne Gegenlichtblende fotografieren, weil das Blitzgerät ja jederzeit ausklappen kann!) und dicke Brocken meiden.

Du hast so wunderschöne rote Augen...

Das wird sich schon mancher Fotograf gedacht haben, als er seine mit eingebautem Blitz gemachten Aufnahmen betrachtete. Dabei hatte sein Schatz doch eigentlich himmelblaue...?

Tja, es hat eben alles zwei Seiten. Und so gereicht dem eingebauten Blitzgerät wiederum zum Nachteil, daß es so nah an der optischen Achse sitzt. Bei schwacher Allgemeinbe-

Damit sich die Pupillen weiter schließen, leuchtet vor dem Blitz eine Lampe auf.

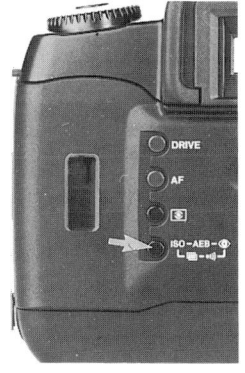

Die Funktion zur Verringerung roter Augen wird mit Hilfe der Funktionstaste eingestellt.

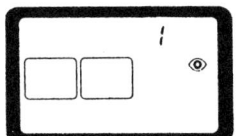

Ein Augensymbol zeigt die Einschaltung der Funktion zur Verringerung roter Augen an.

leuchtung nämlich öffnen sich die Pupillen von Mensch und Tier weit. Ein direkt in der optischen Achse abgegebener Blitz gelangt durch diese weit geöffneten Pupillen auf den (roten) Augenhintergrund und wird direkt in die Kamera zurückgespiegelt – schon haben Sie des Rätsels Lösung.

Sobald der Blitz stärker versetzt zur optischen Achse abgegeben wird – und hierfür reicht im allgemeinen schon der Abstand zum Reflektor eines aufgesetzten Blitzgeräts –, stellt sich das Problem nicht mehr: Seine Reflexion auf dem Augenhintergrund wird aus dem Blickwinkel des Objektivs nicht mehr erfaßt. Schatzis Augen bleiben himmelblau.

Damit Sie jedoch auch mit dem eingebauten Blitzgerät der EOS 5 himmelblaue Augen fotografieren können, gibt es eine Spezialschaltung, in der das Motiv unmittelbar vor der Blitzzündung intensiv »vorbeleuchtet« wird: Die Pupillen der »Opfer« schließen sich weiter, der Blitz dringt nur noch durch eine kleine Öffnung ins Auge ein, die das Rot des Augenhintergrunds kaum noch erkennen läßt. Und damit dies passiert, müssen Sie folgendes tun: Bei eingeschalteter Kamera die Funktionstaste an der Kamerarückwand drücken, bis das Augensymbol im Monitor erscheint. Einstellrad drehen, so daß die Null im Monitor einer »1« Platz macht. Auslöser zur Rückschaltung auf das normale Betriebsprogramm antippen. Zur Ausschaltung verfahren Sie entsprechend und stellen auf Null zurück.

Das Speedlite 430EZ

Dies ist das leistungsstärkste der Canon-Speedlites für die EOS 5. Für seine Leistung und Vielseitigkeit ist es erfreulich klein und leicht.

Auf der Kamera zoomt der Reflektor des Geräts je nach Aufnahmebrennweite automatisch auf Stellungen entsprechend f = 24 bis 80 mm. Diese sind jedoch auch von Hand einstellbar, eine Möglichkeit, die sich bei abgeschalteter Automatik nicht nur zur zusätzlichen Steuerung der Lichtintensität, sondern auch zur Verbesserung der Ausleuchtung, zum Beispiel bei sehr kurzen Aufnahmeabständen, nutzen läßt. Für indirektes Blitzen ist der Reflektor neig- und schwenkbar.

In Reflektorstellung 80 mm erreicht das Gerät Leitzahl 43 bei ISO 100/21°. Die Blitzfolgezeit bei A-TTL-Blitzautomatik liegt bei 0,2 bis 1 s – sämtlich respektable Werte. Als Clou bietet das Gerät die Möglichkeit, die Blitzleistung im Automatikbetrieb in Drittelstufen zu korrigieren, so daß sich zum Beispiel Aufhellblitze ganz nach Geschmack oder besonderen Erfordernissen feindosieren lassen. Damit ist endlich sicher-

Das Speedlite 430EZ ist das leistungsstärkste der Canon-Systemblitzgeräte. Sein Bedienungskomfort ist beachtlich, seine Leistung respektabel. So bietet es unter anderem die Möglichkeit, die Blitzleistung durch Eingabe von Korrekturfaktoren zu variieren, so daß sich zum Beispiel Aufhellblitze individuell dosieren lassen.

gestellt, daß Aufhellblitze bei Bedarf hauchzart abgegeben werden können. Nachdem Sie die A-TTL-Automatik an einigen Beispielen getestet haben, können Sie entscheiden, ob Ihnen die – bereits gedrosselten – Aufhellblitze genehm sind oder ob Sie eine noch zartere Lichtspritze bevorzugen. Mit diesem Wissen wird es zur Kleinigkeit, Ihre Wünsche über den Blitz-Korrekturfaktor durchzusetzen.

Bei abgeschalteter Automatik stehen sechs verschiedene Leistungsstufen zur Verfügung. Für Stroboskopaufnahmen sind bis zu zehn Blitze in der Sekunde möglich. Bei Langzeitbelichtungen können Sie zwischen Synchronisation auf den ersten und den zweiten Verschlußvorgang wählen.

Besonders hoch ist der Bedienungskomfort beim indirekten Blitzen: Durch einen beim Antippen des Auslösers gezündeten (schwächeren) Vorblitz wird die Kamera in die Lage versetzt, die Beleuchtung trotz »Umlenkung« des Lichtkegels zu prüfen, so daß Fehlergebnisse vermieden werden.

Indirektes Blitzen komfortabler denn je

Seine Spannung bezieht das 430EZ aus vier Mignonzellen 1,5 V bzw. entsprechenden NC-Zellen. Für große Aufnahmeserien empfiehlt sich der Einsatz des an den Steckschuh

Im Zweifelsfall lohnt es sich, eine Aufnahme mit und eine ohne Aufhellblitz zu machen. Die Ergebnisse sind interessantes Anschauungsmaterial. Je nach vorherrschender Lichtstimmung kann es nämlich geschehen, daß die ungeblitzte Aufnahme durch ihre Schattenwirkung weitaus plastischer wirkt als die geblitzte, in der der Blitz jeden Schatten weggeleuchtet hat.

anschließbaren Transistorteils E, das mit Alkali-Mangan-Batterien bis zu 2000 und mit NC-Zellen bis zu 1500 Blitze erlaubt.

Sämtliche Betriebsdaten werden auf einem großen LCD-Anzeigefeld übersichtlich dargestellt. Damit die Ablesbarkeit der Anzeige in jedem Falle gewährleistet ist, kann die LCD mit Elektrolumineszenz beleuchtet werden. – Ein Hilfsilluminator projiziert bei schwacher Beleuchtung oder niedrigem Kontrast automatisch Meßblitze auf das Motiv und ermöglicht damit dem AF-System der Kamera die automatische Scharfeinstellung selbst unter sehr ungünstigen Verhältnissen – bis hin zur völligen Dunkelheit. Und das bis auf etwa 10 m.

Das Speedlite 300EZ

Auch dieses besonders kleine und handliche Gerät besitzt einen Zoomreflektor. Auf der Kamera stellt er sich automatisch auf Brennweiten von 28 bis 70 mm ein. Bei ISO 100/21° ergeben sich die Leitzahlen 22 in Stellung 28 mm bzw. 30 in Stellung 70 mm. Indirektes Blitzen ist jedoch mit diesem Gerät nicht möglich, denn der Reflektor ist weder neig- noch schwenkbar.

Die Blitzfolgezeit liegt bei A-TTL-Automatik zwischen 0,3 und 1 s. Mit anderen Worten, man ist praktisch jederzeit schußbereit. Auch dieses Gerät arbeitet mit vier Mignonzellen 1,5 V bzw. entsprechenden NC-Zellen. Die Synchronisation des Blitzes auf den zweiten Verschlußvorhang ist möglich.

Der segensreiche Aufhellblitz

Das Aufhellblitzen hat uns in der Spiegelreflexfotografie lange Zeit Schwierigkeiten bereitet. Endlich jedoch ist das Leben leichter geworden, denn die EOS besorgt die Messung und Mischung automatisch.

Eigentlich ist das Aufhellblitzen noch immer ein Stiefkind vieler Fotografen. Dabei kann es Ihre Aufnahmen um Klassen verbessern. Denn bei so vielen Motiven sind die Kontraste zwischen Lichtern und Schatten einfach zu groß, als daß sie der Film noch verarbeiten könnte. Eine einigermaßen ansprechende Wiedergabe beider Extreme ist schlicht unmöglich. Folglich müssen wir Kompromisse schließen: Entweder wir verzichten auf Schattenzeichnung, oder wir müssen uns mit ausgewaschenen Lichtern zufriedengeben. Wenn wir obendrein mit Belichtungsautomatik fotografieren und unsere Negative anschließend von einem Printer, »auf Durchschnitt gebracht« werden, dann können wir uns ausrechnen, was übrigbleibt. Nicht allzuviel.

Oft bringt ein Aufhellblitz entscheidende Vorteile

Nehmen Sie sich deshalb ernsthaft vor, in Zukunft auch bei Tageslicht zu blitzen, sobald Sie im Vordergrund starke Schatten bemerken. Der Film wird es Ihnen mit ausgewogenen Bildern danken. Technisch bleibt Ihnen kaum etwas zu tun übrig, denn im Prinzip genügt (sofern sie nicht automatisch geschieht) die einfache Zuschaltung des Blitzgeräts. Selbstverständlich sollten sie zumindest grob abschätzen, ob sich das Objekt innerhalb der Reichweite des verwendeten Blitzgeräts befindet, denn nur so kann der Blitz wirksam werden.

Die Dosierung des Aufhellblitzes wird automatisch gesteuert

Bei starker Hintergrundbeleuchtung besteht bei Einsatz des eingebauten Blitzgeräts die Gefahr, daß etwas weiter entfernte Objekte nach wie vor »zugehen«, wie man in der Fotografie sagt, daß sie in den Schatten ertrinken.

Blitzsynchronisation auf den zweiten Verschlußvorhang

Vielleicht haben Sie sich schon gefragt, was es mit dieser Möglichkeit, von der Canon in seinen Unterlagen spricht, eigentlich auf sich hat. Hierzu wollen wir rekapitulieren, daß bei einem Schlitzverschluß, wie ihn auch die EOS aufweist,

Bei längerer Belichtung friert ein auf den ersten Verschlußvorhang synchronisierter Blitz ein bewegtes Objekt zu Beginn der Belichtung ein – seine Lichtspuren eilen ihm voraus.

Ein auf den zweiten Vorhang synchronisierter Blitz hingegen erfaßt das Objekt am Ende der Belichtung – seine Lichtspuren scheinen ihm zu folgen.

ein sogenannter erster Vorhang das Bildfenster freigibt, während es ein zweiter wieder schließt. Bei kurzen Zeiten setzt sich der zweite Vorhang bereits in Marsch, während der erste noch unterwegs ist, so daß die Belichtung durch einen – je nach der wirksamen Verschlußzeit zunehmend engeren – Spalt erfolgt, der zur Bezeichnung »Schlitzverschluß« führte.

Für die Blitzfotografie können wir jedoch nur Verschlußzeiten nutzen, in denen das Bildfenster wenigstens für einen kurzen Augenblick einmal voll geöffnet ist: Dies ist die »Synchronzeit«, die in der EOS 5 1/200 s beträgt. Bei kürzeren Zeiten könnte der Blitz nur noch den jeweils freigegebenen Belichtungsspalt erreichen – die Aufnahme wäre unbrauchbar, denn nur ein Teil wäre belichtet. Mit längeren Zeiten hingegen lassen sich Blitze problemlos synchronisieren.

Blitze lassen sich problemlos mit längeren Zeiten als 1/200 s synchronisieren

Früher war es im Reflexkamerabau üblich, Elektronenblitze dann zu zünden, wenn sich der erste Verschlußvorhang am Ende seines Weges befindet, das Bildfenster bei genügend langen Zeiten also voll geöffnet ist. Was passiert nun, wenn Sie die Blitzzündung mit einer längeren Belichtungszeit kombinieren, vielleicht einer vollen Sekunde? Bei genügender Allgemeindunkelheit – die zu keiner Überbelichtung des Hintergrunds führt – trifft der Blitz das Objekt am *Anfang* der Belichtung. Er friert es in dieser Stellung innerhalb des Bildformats ein. Sobald sich bewegte Lichtquellen im Bild befinden (vielleicht die Scheinwerfer eines fahrenden Autos), macht die nun folgende Belichtung diese Lichtquellen als Leuchtspuren sichtbar. Sie erhalten eine Blitzaufnahme, gefolgt von einer »Zeitbelichtung«: Ein von links kommendes Auto steht links im Bild, seine (später aufgezeichneten) Scheinwerferspuren eilen ihm voraus, in den rechten Teil des Formats. Es entsteht der Eindruck eines stehenden Fahrzeugs.

Bei längeren Zeiten ist der Zeitpunkt der Blitzzündung entscheidend

Synchronisieren Sie den Blitz hingegen auf den zweiten Verschlußvorhang, kehrt sich der Vorgang um: Zuerst erfolgt die Zeitbelichtung, die Lichtspuren werden aufgezeichnet; dann friert der Blitz kurz vor Schließung des Bildfensters durch den zweiten Vorhang das Auto ein. Jetzt scheinen im Bild die Leuchtspuren dem Fahrzeug zu folgen. Das Auto ist zwar scharf abgebildet, die Bewegung jedoch unübersehbar.

Der indirekte Blitz

Mit einem Speedlite 430EZ steht Ihnen auch das indirekte Blitzen mit allem Konfort offen. Außerordentlich interessant ist diese Technik wegen ihrer weichen Ausleuchtung. Oft genug werden Sie zumindest im Stillen schon die harten Schatten bedauert haben, die so typisch sind für normale Blitzaufnahmen. Zunächst sei angemerkt, daß sich besonders augenfällige Schatten dadurch vermeiden lassen, daß Sie Personen weit genug von einer Wand abrücken, auf der sich die Schatten abzeichnen würden. Doch mit einem Schwenkreflektor, wie ihn das Speedlite 430EZ bietet, geht es noch anders.

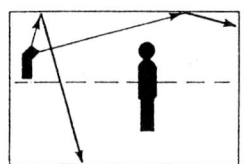

Beim indirekten Blitzen richtet man den Blitz gegen die Zimmerdecke oder eine Wand, so daß das Licht gestreut auf das Motiv fällt. Das Ergebnis ist eine bedeutend weichere Ausleuchtung als beim frontalen Blitzen.

Man richtet den Reflektor schräg nach oben und blitzt z.B. eine weiße Zimmerdecke an. Der Blitz wird von der Reflexionsfläche gestreut und ergibt somit eine diffuse Ausleuchtung des Motivs. Zahllose Varianten sind durch Änderung des Neigungswinkels des Reflektors, evtl. verbunden mit einer seitlichen Drehung, möglich. Statt einer Zimmerdecke mag auch eine Wand als Reflexionsfläche dienen.

Natürlich sollte die Reflexionsfläche nicht zu weit entfernt sein, da sonst eventuell der Weg zu lang wird, den das Licht bis zum Aufnahmegegenstand zurücklegen muß. Je näher sich die Reflexionsfläche am Blitzgerät befindet, um so kontrastreicher wird im allgemeinen die Ausleuchtung. Wichtig ist auch, daß Sie eine möglichst reinweiße Reflexionsfläche wählen. Eine farbige Fläche würde dem Motiv seine Eigenfarbe überlagern.

Die angeblitzte Fläche sollte reinweiß sein

Konzentration ist beim Wechsel zwischen Quer- und Hochaufnahmen erforderlich: Wenn Sie nicht daran denken, den Reflektor durch Schwenkung und Neigung neu einzurichten, so daß er wieder auf die Reflexionsfläche gerichtet ist, blitzen Sie »sonstwohin« in die Gegend – und erhalten eine saftige Unterbelichtung.

Bei geneigtem Reflektor schaltet dieser im Speedlite 430EZ auf die Brennweite 50 mm. Der Leuchtwinkel kann jedoch durch Tastendruck variiert werden. Sobald Sie den Kamera-Auslöser antippen, zündet das Gerät einen (schwächeren) Probeblitz, mit dem es Ihnen eine Menge Arbeit abnimmt. So nämlich kann das Meßsystem feststellen, wieviel Licht auf dem Weg über die Reflexionsfläche im Motiv ankommt.

Automatische Probeblitze erleichtern die Arbeit

Prompt wird im Sucher sowie in der LCD des Blitzgeräts die erforderliche Arbeitsblende angezeigt, die die Kamera in einem ihrer Automatikprogramme natürlich auch selbsttätig einstellt. So wird es zum Kinderspiel, verschiedene Beleuchtungssituationen durchzuspielen, zumal die Kamera wiederum die Belichtung von Vorder- und Hintergrund aufeinander abstimmt.

Die automatische Scharfeinstellung funktioniert auch beim indirekten Blitzen, so daß jede »Kompliziertheit« der Vergangenheit angehört. Diese Leichtigkeit empfiehlt das indirekte Blitzen auch zur Schattenaufhellung in Innenräumen, sofern geeignete Reflexionsflächen zur Verfügung stehen.

Automatisches Mehrfachblitzen

Mit ein wenig Zubehör wird die EOS 5 zur Grundlage eines automatischen Blitzstudios. Bis zu vier Speedlites 300EZ oder 430EZ lassen sich so zusammenschalten, daß vollautomatische Blitzaufnahmen mit A-TTL möglich werden. Im einzelnen brauchen Sie hierfür:

Auch mit mehreren Geräten ist A-TTL-Blitztechnik möglich

1. Einen sogenannten TTL-Mittenkontaktadapter, der im Zubehörschuh der Kamera das erste der Blitzgeräte aufnimmt.
2. Einen TTL-Verteiler, der den Anschluß von bis zu drei weiteren Blitzgeräten gestattet.

3. Für jedes weitere Blitzgerät einen TTL-Adapter, gewissermaßen einen getrennten Zubehörschuh mit Kabelanschluß und Stativgewinde an der Unterseite.
4. Entsprechende Verbindungskabel, die es in Längen von 60 cm und 3 m gibt.

Eine solche Anlage setzt natürlich ein wenig Experimentieren mit der Plazierung der einzelnen Blitzgeräte voraus. Eine von mehreren Seiten kommende, plastisch modellierende Be-

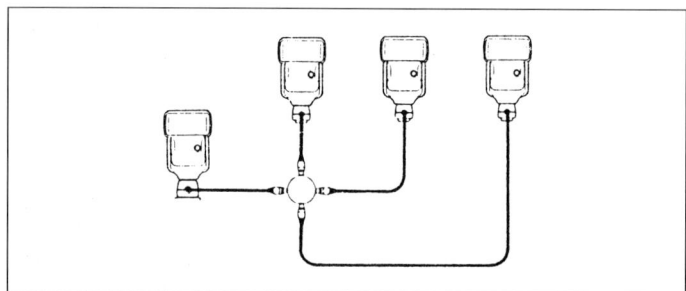

Mit ein wenig Zubehör lassen sich bis zu vier Speedlites 300EZ oder 430EZ zu einer »Studioblitzanlage« zusammenschalten.

leuchtung erfordert unterschiedliche Beleuchtungsstärken aus den verschiedenen Richtungen, die sich entweder durch streuende Vorsätze vor einzelnen Geräten und/oder die Aufstellung der Speedlites in unterschiedlichem Abstand vom Modell erzielen lassen.

Nicht möglich sind beim Blitzen mit mehreren Speedlites Aufnahmen mit Programmautomatik und die automatische Brennweiteneinstellung der Zoomreflektoren.

Der Ringblitz ML-3

In der Nahfotografie wird das Problem der Beleuchtungsparallaxe mit kürzeren Aufnahmeabständen immer dringlicher: Ein im Zubehörschuh der Kamera sitzendes Blitzgerät schielt bei kurzen Abständen schlicht am Aufnahmegegenstand vorbei.

Um diesem Übel abzuhelfen, wurden Ringblitzgeräte entwickelt, die kreisförmig angeordnet sind und direkt an der Vorderseite des Objektivs angebracht werden. Verlangt man nicht unrealistische Mini-Abstände von ihnen – bei denen auch sie am Objekt vorbeischielen –, garantieren sie völlig schattenfreie Ausleuchtung. Doch weil das völlige Fehlen von Schatten häufig zur recht langweiligen, flachen Ausleuchtung führt, hat man sich Ringblitze einfallen lassen, deren Leuchten für seitliche Ausleuchtung getrennt zündbar sind. So auch beim Canon-Ringblitz ML-3.

Ringblitzleuchten ermöglichen schattenfreie Ausleuchtung

Der Ringblitz ML-3 ist die Lichtquelle der Wahl für den Makro-Fan.

Das Gerät hat Leitzahl 11 bei ISO 100/21° und eignet sich für Aufnahmeabstände von etwa 20 cm bis 4 m vom Reflektor. Die Blitzleuchtzeit beträgt je nach Aufnahmeabstand und dem Reflexionsvermögen des Objekts 1/2000 s oder weniger. Das Gerät besteht aus zwei Komponenten: dem Steuergerät, das im Zubehörschuh der EOS befestigt wird, und dem mit ihm über Kabel verbundenen Reflektor zur Anbringung am EF 1:2,8/100 mm Makro. Als Spannungsquelle dienen vier Akali-Mangan-Mignonzellen 1,5 V, die für mindestens 100 Blitze gut sind. Die Blitzfolgezeit beträgt je nach Batteriezustand, Aufnahmeabstand und Reflexionseigenschaften des Aufnahmegegenstands zwischen 0,2 und 13 s.

Die EOS 5 QD

Schon vor dem Kauf müssen Sie sich überlegen, ob Sie auf die Einbelichtung des Datums in Ihre Bilder Wert legen. Wenn ja, sollten Sie nämlich die Ausführung »QD« (Quartz Date) wählen, die von Haus aus mit einer Datenrückwand ausgerüstet ist.

Die Sache mit dem gleich bei der Aufnahme in die Bilder einbelichteten Datum bietet für die Erinnerungsfotografie handfeste Vorteile: Heute noch und morgen mag Ihnen völlig

Ein Sondermodell, die EOS 5 QD, ist mit einer fest angebauten Datenrückwand versehen und gestattet die Einbelichtung des Datums oder der Uhrzeit.

klar sein, wann diese oder jene Aufnahme entstand, doch übermorgen? Sie wissen, wie es ist: Immer neue Ereignisse drängen sich in den Vordergrund, und wenn man dann nach Jahr und Tag wieder einmal in den Bildern kramt, ist eine genaue Zuordnung oft kaum mehr möglich.

Mit einer Datenrückwand bringt die EOS Ordnung in Ihre Bilder, denn sie belichtet das Datum ohne Ihr weiteres Zutun in die (im Querformat) rechte untere Bildecke ein. Eine Lithiumbatterie 3 V, die für etwa drei Jahre gut ist, befindet sich bereits in der Rückwand. Sie kann bei Bedarf leicht mit Hilfe eines Schraubenziehers ausgetauscht werden. Die Helligkeit der Einbelichtung wird von der Kamera automatisch auf die Empfindlichkeit des eingelegten Films abgestimmt.

Natürlich ist die Einbelichtung jederzeit abschaltbar

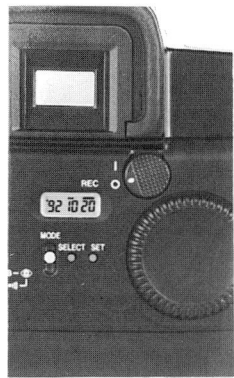

Die Einbelichtungsfunktion wird mit einem Schieber und zwei Tasten gesteuert.

Auch mit der EOS 5 QD können Sie jederzeit ohne Datum fotografieren: Schalten Sie die Einbelichtung einfach ab. Der automatische Kalender der Datenrückwand ist bis zum 31. Dezember 2019 programmiert und berücksichtigt kurze und lange Monate oder Schaltjahre ebenso automatisch wie eine Quarzuhr. Die Einbelichtung ist in verschiedener Schreibweise möglich: Jahr/Monat/Tag, Monat/Tag/Jahr oder Tag/Monat/Jahr.

An der Stelle der Dateneinbelichtung sollte der Hintergrund möglichst nicht zu hell sein, da sich sonst das Datum nicht richtig abhebt. Für Aufnahmen im Hochformat müssen Sie sich eine etwas abweichende Kamerahaltung zulegen: Kamera auf dem rechten Handteller abstützen und mit dem rechten Daumen auslösen. Das geht nach ein klein wenig Gewöhnung recht gut. Erforderlich ist diese Haltung, weil das Datum sonst in die rechte obere Bildecke rutscht – und damit meist im hellen Himmel steht. Dort ist es nicht so gut lesbar und stört. Bei der soeben beschriebenen Haltung hingegen erscheint es in Hochaufnahmen in der linken unteren Bildecke, allerdings vertikal.

Der Hintergrund sollte an der Stelle der Dateneinbelichtung möglichst nicht zu hell (oder orange) sein, damit sich das Datum gut abhebt.

Statt des Datums können Sie auch die Uhrzeit einbelichten, und zwar in der Form Tag/Stunde/Minute, doch dürfte dies weitaus weniger interessant sein als die klare Zuordnung der Aufnahmen zum Datum. Die Flüssigkristallanzeige auf der Rückwand wird für Sie gleichzeitig zum Quarzkalender bzw. zur Quarzuhr.

Die Canon-EF-Objektive

Wer die Entwicklung der letzten Jahrzehnte aufmerksam und mit Sachkenntnis verfolgt hat, der weiß, daß Canon-Objektive absolute Spitzenklasse sind. Immer wieder trat Canon als Pionier optischer Höchstleistung auf. Als das sekundäre Spektrum nur Spezialisten ein Begriff war, züchtete Canon bereits künstliche Kristalle von einer Größe, die es erlaubte, daraus Linsen zu schleifen: Langbrennweitige Objektive mit Calcium-

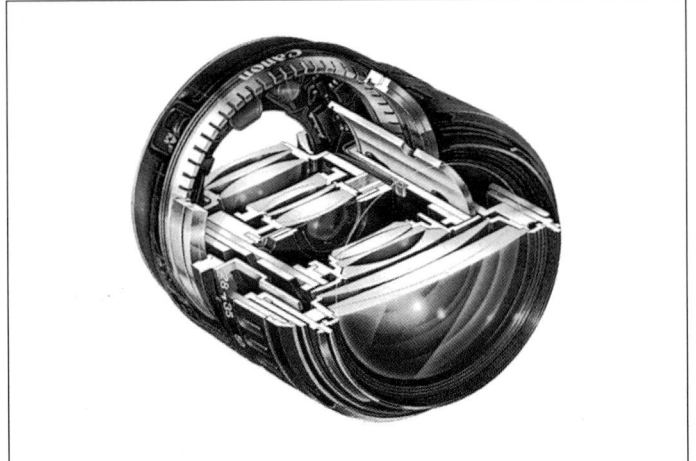

Eine bahnbrechende Entwicklung Canons ist der Ultraschallmotor (USM), der bereits in eine Vielzahl von EF-Objektiven eingebaut ist und sich durch blitzschnelle Fokussierung sowie praktisch geräuschlosen Betrieb auszeichnet.

fluorid-Linsen machten Furore ob ihrer phantastischen Leistung. Denn erst bei den langen Brennweiten macht sich dieser Abbildungsfehler so störend bemerkbar: Die einzelnen Lichtwellenlängen – die Farben des Spektrums – kommen in unterschiedlichem Abstand hinter einer Glaslinse zum Schnitt. Das Ergebnis sind Unschärfen. Normale fotografische Aufnahmeobjektive sind für zwei »Farben« korrigiert. Der restliche Farbfehler jedoch, das sekundäre Spektrum, nimmt bei längeren Brennweiten Größenordnungen an, die eine deutliche Minderung der Bildqualität bewirken. Erst die Korrektur für eine dritte Lichtwellenlänge, eine dritte »Farbe«, bringt jenen riesigen Qualitätssprung, der an apochromatischen Objektiven – wie man diese Systeme in der Fachsprache nennt – immer wieder begeistert.

Den Calciumfluorid-Linsen folgte die Entwicklung von Glassorten mit anomaler Teildispersion, dem UD-Glas, das Canon fortan zunehmend zur Erzielung höchster optischer Leistung einsetzte. Heute finden Sie dieses Glas bereits in einer beachtlichen Zahl von EF-Objektiven.

Rechte Seite:
Die Normalbrennweite zeigt die Welt etwa so, wie sie unserem Augeneindruck entspricht. Bei geschicktem Einsatz braucht dies beileibe keine »langweiligen« Bilder zu ergeben. Blickwinkel und Anordnung der Details innerhalb des Formats bestimmen die Wirkung der Aufnahme. Hier wurde die Farbsättigung durch Einsatz eines Polfilters auf die Spitze getrieben. Kodachrome 64.

Doch nicht allein das Material war es, das Canon schuf. Neue Be- und Verarbeitungstechniken kamen hinzu. Als fast alle anderen Hersteller noch ausschließlich sphärisch schliffen, entwickelte Canon ökonomische Schleif- und Polierverfahren für *asphärische* Flächen. Und wieder sah der Objektivbau einen Sprung nach vorn: Höchstlichtstarke Objektive konnten in Serie gefertigt werden. Objektive wie – um nur ein Beispiel zu nennen – das FD 1:1,2/85 mm L setzten neue Maßstäbe, denn dank asphärischer Flächen gestatteten sie den Einsatz der vollen Öffnung bei hervorragender Abbildungsleistung. Heute profitieren immer mehr EF-Objektive

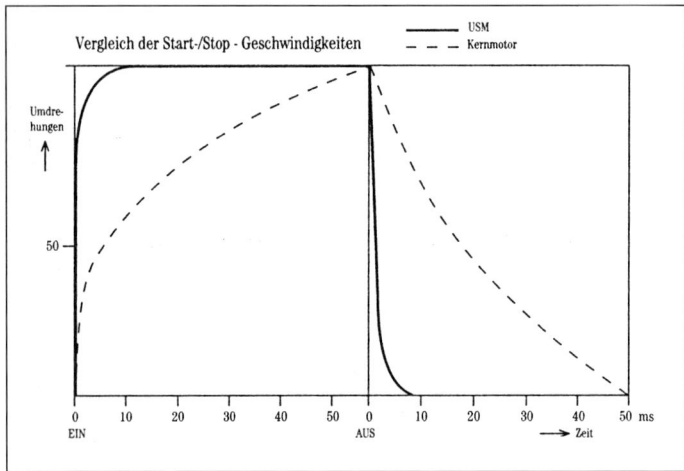

Das Diagramm veranschaulicht das extrem schnelle Hochlaufen und Abstoppen des USM im Vergleich zum Kernmotor.

von asphärischen Linsen, deren Großserienfertigung inzwischen zur Selbstverständlichkeit geworden ist.

Oder sprechen wir von Innenfokussierung, jener von Canon als erstem Hersteller in einem serienmäßigen Fernobjektiv eingeführten Neuerung, die bald Furore machen sollte: Statt das gesamte optische System zur Fokussierung hin und her zu fahren, verschob man nur noch ein Linsenglied im Innern. Das Ergebnis: Wesentlich schmalere, leichtere Konstruktion, größere Handlichkeit, keine Gewichtsverlagerung bei der Entfernungseinstellung, höhere Abbildungsleistung und kürzere Naheinstellgrenze.

Und nun schließlich Canon-Objektivmotoren. Denn bei Canon besitzt jedes EF-Objektiv seinen eigenen Fokussiermotor. Dadurch wird vollelektronische Signalübertragung zwischen Gehäuse und Objektiv möglich. Der Wegfall mechanischer Kupplungselemente beseitigt Verschleiß, Toleranzen, unnötigen Kraftaufwand. Der Objektivmotor und sein Drehmoment können präzise auf Größe und Eigenheiten des jeweiligen optischen Systems abgestimmt werden.

Objektiv	AF-Motor	diag. Bildwinkel	Linsen/Glieder	kleinste Blende	Naheinstellgrenze (m)	Filterdurchmesser (mm)	Baulänge (mm)	Gewicht (g)
EF 1:2,8/14 mm L USM	USM	114°	13/10	22	0,25	Filterhalter eingebaut	89	560
EF 1:2,8/15 mm Fischauge	AFD	180°	8/7	22	0,2	-	62,2	330
EF 1:2,8/20 mm USM	USM	94°	11/9	22	0,25	72	70,6	500
EF 1:2,8/24 mm	AFD	84°	10/10	22	0,25	58	48,5	270
EF 1:2,8/28 mm	AFD	75°	5/5	22	0,3	52	42,5	185
EF 1:2/35 mm	AFD	63°	7/5	22	0,25	52	42,5	210
EF 1:1,8/50 mm II	AFD	46°	6/5	22	0,45	52	41	130
EF 1:1,0/50 mm L USM	USM	46°	11/9	16	0,6	72	81,5	985
EF 1:2,5/50 mm Makro	AFD	46°	9/8	32	0,23	52	63	280
Makro-Konverter EF	-	-	4/3	-	-	-	34,9	160
EF 1:1,2/85 mm L USM	USM	28°30'	8/7	16	0,95	72	84	1025
EF 1:1,8/85 mm USM	USM	28°30'	9/7	22	0,85	58	71,5	440
EF 1:2/100 mm USM	USM	24°	8/6	32	0,9	58	73,5	460
EF 1:2,8/100 mm Makro	MM	24°	10/9	32	0,31	52	105,5	650
EF 1:2,8/135 mm Softfocus	AFD	18°	7/6	32	1,3	52	98,4	390
EF 1:1,8/200 mm L USM	USM	12°	12/10	22	2,5	48*	208	3000
EF 1:2,8/200 mm L USM	USM	12°	9/7	32	2,5	72	136,2	790
EF 1:4/300 mm L USM	USM	8°15'	8/7	32	3,0	77	213,5	1165
EF 1:2,8/300 mm L USM	USM	8°15'	11/9	32	2,5	48*	253	2855
EF 1:2,8/400 mm L USM	USM	6°10'	7/6	32	4	48*	349,2	6100
EF 1:4,5/500 mm L USM	USM	5°	9/8	32	5	48*	395	3000
EF 1:4/600 mm L USM	USM	4°10'	9/8	32	6,0	48*	456	6000
EF 1:5,6/1200 mm L USM II	USM	2°05'	12/9	32	14	*	836	16500
EF 1:2,8/20-35 mm L	AFD	94°-63°	15/12	22	0,5	72	89	540
EF 1:2,8-4/28-80 mm L USM	USM	75°-30°	15/11	22	0,5	72	94,5	945
EF 1:3,5-5,6/28-80 mm USM	USM	75°-30°	10/9	22-38	0,5	58	70,6	330
EF 1:3,5-4,5/28-105 mm USM	USM	75°-23°20'	15/12	22-29	0,5	58	75	365
EF 1:4-5,6/35-80 mm	MM	63°-30°	8/8	22-32	0,38	52	61	170
EF 1:4,5-5,6/35-80 mm USM	USM	63°-30°	8/8	22-32	0,38	52	61	170
EF 1:4,5-5,6/35-105 mm	MM	63°-23°20'	13/12	22-29	0,85	52	75,5	280
EF 1:3,5-4,5/35-135 mm	MM	63°-18°	14/12	22-32	0,75	58	86,4	425
EF 1:4-5,6/35-135 mm USM	USM	63°-18°	14/11	22-32	0,67-2,20	58	86,4	365
EF 1:3,5-5,6/35-350 mm USM	USM	63°-7°	21/15	27-32	1,5	72	167,4	1350
EF 1:3,5-4,5/70-210 mm	MM	34°-11°20'	13/9	32-45	1,5	58	122,7	545
EF 1:4/70-210 mm USM	USM	34°-11°20'	13/9	32-45	1,5	58	122	565
EF 1:4,5-5,6/75-300 mm	MM	32°-8°15'	16/13	32	1,8	58	121,5	495
EF 1:4,5-5,6/75-300 mm USM	USM	32°-8°15'	13/9	32	1,5	58	121,5	495
EF 1:2,8/80-200 mm L	AFD	30°-12°	16/11	22-27	1,5	72	185,7	1330
EF 1:4,5-5,6/80-200 mm	MM	30°-12°	10/7	22-27	1,5	52	78,5	260
EF 1:4,5-5,6/100-300 mm USM	USM	24°-8°15'	13/10	32	1,5	58	121,5	540
EF 1:5,6/100-300 mm L	AFD	24°-8°15'	15/10	32	1,5	58	166,6	695
TS-E 1:3,5/24 mm L	-	84°	11/9	22	0,3	72	86,8	570
TS-E 1:2,8/45 mm	-	51°	10/6	22	0,4	72	90,1	645
TS-E 1:2,8/90 mm	-	27°	6/5	32	0,5	58	88	565
Extender EF 1,4x	-	-	5/4	-	-	-	27,3	210
Extender EF 2x	-	-	7/5	-	-	-	50,5	240
Zwischenring EF 25	-	-	-	-	-	-	27,3	125

AFD = Bogenmotor   USM = Ultraschallmotor (USM)   MM = Mikromotor (USM)   * = Steckfilter
Anmerkung: Makro-Konverter EF ausschließlich für EF-Makro 1:2,5/50 mm.

Eine moderne Spiegelreflexkamera wie die EOS 5 ist wie geschaffen zum Geschichtenerzählen – Geschichten wie diese von japanischen Perlentaucherinnen. Und dazu braucht man nicht einmal die Reihenbildschaltung zu bemühen. Es genügt völlig, daß der Film unmittelbar nach jeder Aufnahme automatisch um eine Bildlänge weitertransportiert wird. So ist man blitzschnell wieder schußbereit und kann unverzüglich auf eine neue Situation, eine neue Wendung der Dinge vor der Kamera reagieren.

Die Mehrfeldmessung sorgt für eine hohe Trefferquote unter den meisten üblicherweise anzutreffenden Lichtverhältnissen. Die Belichtungsautomatik macht langwierige Überlegungen überflüssig – die Kamera erledigt auch diesen Aspekt automatisch. Die blitzschnelle automatische Scharfeinstellung, wie sie die EOS 5 in Verbindung mit den EF-Objektiven mit Ultraschallmotor garantiert, tut ein übriges.

Bleibt nur noch die Optik. Und da erweist sich ein Zoomobjektiv – vielleicht eine Tele-Zoom des Brennweitenbereichs von etwa 80 bis 200 mm – als besonders gut geeignet. Denn eine einfache Drehung oder achsiale Verschiebung des großen Einstellrings genügt, um den Ausschnitt ebenso blitzschnell den jeweiligen Gegebenheiten anzupassen.
Sämtliche Aufnahmen auf Kodachrome 64.

Mit der Entwicklung des Ultraschallmotors gelang Canon wieder ein großer Wurf. Wenn man sich vergleichend die »Kardanwellentechnik« anschaut, wie sie andere Kameras benötigen, die auf einen einzigen, ins Kameragehäuse eingebauten Fokussiermotor angewiesen sind, wird der immense Entwicklungsvorsprung Canons deutlich. Inzwischen sind wir wieder einmal an einer Schwelle angekommen: Ebenso wie UD-Glaslinsen, asphärische Flächen oder Innenfokussierung vor ihnen, setzen Ultraschallmotoren, neuerdings überwiegend in einer Mikroausführung, jetzt zum Sprung vom »Exotenstatus« hinein in die tägliche Praxis, in die Selbstverständlichkeit, an. Allerdings nur in Canon-Objektiven.

Das Fischauge

Den größten für die EOS 5 zur Verfügung stehenden Bildwinkel bietet ein Spezialobjektiv – das Fischauge EF 1:2,8/15 mm – das über die Formatdiagonale den extremen Bildwinkel 180° auszeichnet. Möglich wird dies bei vollformatiger Abbildung nur durch Tolerierung einer Verzeichnung, die zum Bildrand

Fischauge EF 1:2,8/15 mm

Typisch für ein Fischaugenobjektiv ist die Durchbiegung in der Natur gerader Linien zum Rand. Durch den Bildmittelpunkt verlaufende Linien bleiben hingegen unverzeichnet. In der Praxis wird man sich dies zunutze machen, um die verzeichnungsbedingte Verfremdung in Grenzen zu halten.

hin zu einer deutlichen Durchbiegung gerader Linien führt. Durch das Bildzentrum verlaufenden Linien bleiben jedoch unverzeichnet.

Die Größe eines solchen Bildwinkels können wir uns nur schwer vorstellen, und der Blick durch den Kamerasucher wird zur absoluten Voraussetzung für die – nicht leichte – Bildgestaltung. Denn immerhin bringt dieses Objektiv fast alles auf den Film, was sich vor seiner Frontlinse befindet! So sind denn auch seine Einsatzmöglichkeiten im Vergleich zu anderen Brennweiten begrenzt. An die Motivauswahl und Bildgestaltung stellt dieses Objektiv besonders hohe Ansprüche.

Als Folge des enorm großen Bildwinkels wird der Unterschied zwischen Nah und Fern im Fischaugenbild besonders stark übertrieben. Motivteile, die als Vordergrund wirksam werden sollen, müssen sich deshalb so nah an der Frontlinse befinden, daß man förmlich erschrickt, wenn man nach der Bildgestaltung im Sucher die Kamera absetzt: Ohne es zu merken, hatte man sich den Vordergrundstrukturen so stark genähert, daß man sie fast »gerammt« hätte.

Fischaugenaufnahmen verlangen sehr nahen Vordergrund

Die weiten Winkel

Es hat sich eine Menge getan im EF-Programm, das Canon inzwischen mit Hochdruck ausgebaut hat. So beginnt der (unverzeichnete) Superweitwinkelbereich heute bereits bei 14 mm Brennweite – und das ist kürzer noch als das Fischauge! Canon hat es fertiggebracht, ein im Sinne der bildmäßigen Fotografie verzeichnungsfrei abbildendes Objektiv mit einem diagonalen Bildwinkel von 114° zu bauen. Das EF 1:2,8/14 mm L USM ist natürlich ein Spezialist, und ein nicht gerade

In Verbindung mit der Panorama-Sucherscheibe, die es als Zubehör zur EOS 5 gibt, lassen sich – dem Modetrend folgend – auch Panoramen mühelos einfangen.

billiger dazu. Doch der wirklich engagierte Anwender, der Profi, wird dankbar sein dafür.

Das EF 14 mm erschließt die Welt in neuer, weiter Sicht. Zu den Bildrändern und insbesondere in den Ecken werden Kreise bereits deutlich zu Ellipsen verformt. Doch das ist keine Verzeichnung, sondern perspektivische Verzerrung – allein

EF 1:2,8/20 mm USM

EF 1:2,8/24 mm

eine Folge des extremen Winkels und damit optisch nicht korrigierbar. Das Objektiv wartet mit einer asphärischen Linse und Innenfokussierung auf. Es besitzt keinen Motorring zur manuellen Fokussierung mehr, sondern ein mechanisches Einstellsystem. Damit entfällt jeder Stromverbrauch bei der manuellen Fokussierung, und zudem kann die Schärfe selbst im Autofokus-Betrieb jederzeit von Hand eingestellt werden. Andererseits – bei 14 mm ist die Schärfentiefe von Haus aus so groß, daß man das Thema Entfernungseinstellung eigentlich vergessen kann.

Eine für den Könner hochinteressante Brennweite sind 20 mm, die einen superweiten diagonalen Bildwinkel von 94° überstreichen. Bei geschickter Bildgestaltung, prominentem Vordergrund und dynamischen Fluchtlinien entstehen eindringliche Bilder. Das EF 1:2,8/20 mm USM füllt diese Lücke mit der von seinem FD-Vorgänger bekannten Qualität. Es empfiehlt sich voll zur Abrundung einer reichhaltigen Ausrüstung nach unten, verlangt jedoch nach entsprechendem Einfühlungsvermögen. Nicht verwunderlich, daß bei dieser kurzen Brennweite und hohen Lichtstärke Filter des Durchmessers 72 mm nötig werden. Denn erfreulicherweise hat Canon gerade bei den Weit- und Superweitwinkelobjektiven stets auf große Frontlinsen gesetzt, die die hier besonders akute Gefahr der Vignettierung weitgehend bannten.

Es schließt sich an das EF 1:2,8/24 mm, das einen diagonalen Bildwinkel von 84° überstreicht und damit bereits eine deutlich andere »Handschrift« schreibt als ein Normalobjektiv. Der größere Bildwinkel »streckt« die Perspektive, vergrößert den Abstand zwischen Nah und Fern im Bild. Fluchtlinien verjüngen sich stärker zum Hintergrund und schaffen damit gesteigerte Dynamik. Diagonalen wirken noch zwingender als bei längeren Brennweiten. Man bezeichnet die typische Darstellungsart von Weitwinkelobjektiven als »steile Perspektive«.

Je mehr eine kurze Brennweite aufs Bild bringt, um so kritischer wird die Ausrichtung der Kamera. Schon eine geringe Neigung nach oben oder unten verursacht stürzende Linien: Gebäude scheinen nach hinten bzw. vorn umzukippen. Das Auge empfindet eine solche Ansicht als unnatürlich und macht das dem Gehirn auch klar. Wir kaufen dem Fotografen diese Darstellung nicht ab, sind unbefriedigt. Eine geringe Abweichung in der Abbildung vertikaler Strukturen wird von uns als »Fehler« registriert, während der steile Blick nach oben, zum Beispiel zu einem Wolkenkratzer, als solcher erkannt und auch vom Gehirn akzeptiert wird.

Draußen in der Natur machen uns stürzende Linien kaum noch zu schaffen, und wir dürfen – oft genug sollten – die Kamera ruhig neigen, solange sich keine Gebäude oder ähnliches im Bild befinden. Hier fängt die »entfesselte« Kamera mit einem Weitwinkelobjektiv die ganze Weite einer Landschaft oder eine dramatische Himmelsstimmung ein. Doch auch in der Reportagefotografie bewährt sich der weite Winkel. Die kurze Brennweite zwingt zur starken Annäherung, die die Gefahr eines Dazwischenschiebens störender Eindringlinge verhindert. Ein gewisses Maß an optischer Verzerrung – eine reine Folge des großen Bildwinkels – müssen Sie dabei jedoch auch bei dieser Brennweite noch in Kauf nehmen. Bei zu starker Annäherung werden die der Kamera am nächsten liegenden Körperteile einer Person übertrieben groß dargestellt, was wiederum unser Harmoniegefühl verletzt.

In der Landschaft dürfen Sie die Kamera auch mit einem Weitwinkelobjektiv ungestraft neigen, zum Beispiel eine imposante Himmelsstimmung einzufangen und den Horizont bildwirksam an den unteren Bildrand zu verbannen.

Das EF 1:2,8/24 mm erfordert größeres fotografisches Einfühlungsvermögen von Ihnen als das EF 1:2,8/28 mm, das mit seinem Bildwinkel von 75˚ etwa den goldenen Mittelweg im Weitwinkelbereich darstellt. Denn die Anwendungsmöglichkeiten eines Objektivs nehmen in dem Maße ab, in dem es sich von der Normalbrennweite entfernt. So empfehlen sich 28 mm Brennweite noch durchaus für den fotografischen »Hausgebrauch«, 24 mm eher für den engagierten Fotografen. Beide Objektive verfügen übrigens über eine asphärische Linse. Sie durchfahren den Entfernungsbereich in etwa 0,3 s.

Das EF 1:2/35 mm erfaßt diagonal noch 63˚ und gilt deshalb schon als gemäßigtes Weitwinkelobjektiv. Und deshalb ging

EF 1:2,8/28 mm

Canon hier auch auf eine um eine Stufe höhere Lichtstärke: Die 35 mm werden von Fotografen, die zum Weitwinkel neigen, gern als »individuelles Normalobjektiv« eingesetzt, so daß eine größere Öffnung hochwillkommen ist. (Es ist bedauerlich, daß uns angesichts der heutigen Sparzooms mit Boxkamera-Lichtstärke eine Öffnung 1:2 bereits »ultralichtstark«

Hochinteressant sind die gestalterischen Möglichkeiten, wie sie hohe Lichtstärke bietet

vorkommt. Dabei heißt hohe Lichtstärke nicht allein, daß man mit weniger Licht auskommt. Oft viel wichtiger sind die gestalterischen Möglichkeiten, welche die geringe Schärfentiefe der großen Öffnung – und eben nur diese große Öffnung! – bietet.)

Die Normalobjektive

In Sachen Brennweite entspricht »normal« etwa der Diagonale des jeweiligen Bildformats. Beim Kleinbildformat 24 mm x 36 mm beträgt die Bilddiagonale etwa 43 mm. Historische Gründe erklären, warum sich bei Kleinbild 50 mm als Normalbrennweite eingebürgert haben.

Mit Brennweite 50 mm erfaßt die EOS einen diagonalen Bildwinkel von 46°. Die von einem derartigen System erzeugte

Der größte Vorteil des festbrennweitigen Normalobjektivs ist seine im Vergleich zu Zoomobjektiven hohe Lichtstärke, die zum »Notnagel« werden kann. Dabei lassen sich unter Umständen auch unter sehr ungünstigen Umständen einfangen, die keine absolute Schärfe erfordern. Denn bei schwachem Licht fängt auch das Auge weit weniger Schärfe als vielmehr Stimmung ein.

Perspektive ist so neutral, daß die Grenzen des Anwendungsbereichs dieser normalen Objektive außerordentlich weitgesteckt sind. Sie eignen sich neben so selbstverständlichen Dingen wie allgemeinen Landschaftsaufnahmen insbesondere für die wertfreie Erfassung relativ naher Motive. Eine Totale würde zwar oft genug den Aufnahmegegenstand irgendwie auf den Film bannen, aber eben auch nur irgendwie. Fotografisch wesentlich aussagekräftiger ist gewöhnlich ein Teil des Ganzen, das Sie nun mit dem Normalobjektiv suchen, isolieren und fotografisch entsprechend wirksam – das heißt aus einer günstigen Sicht und mit günstiger Anordnung innerhalb des Formatrahmens – festhalten sollten.

Die preisgünstige Normalbrennweite ist das EF 1:1,8/50 mm II, das den ruhenden Pol des gesamten Systems darstellt. Seine Leistung ist ausgezeichnet, die Lichtstärke macht es tauglich für die Available-Light-Fotografie. Nachdem heute meist ein Zoomobjektiv als Grundausrüstung gewählt wird, die Zooms jedoch als Preis für ihre kompakte Bauweise mit der Lichtstärke geizen, kann das EF 1,8/50 mm II zum »Notnagel« werden, der Ihnen stets dann aus der Patsche hilft, wenn mit dem »normalen Normalen« – dem Zoom – nichts mehr geht oder aber die selektive Schärfe der vollen Öffnung gefragt ist.

EF 1:1,8/50 mm II

Alternativ bietet sich das EF 1:1,0/50 mm L USM mit Ultraschallmotor dem zahlungskräftigen Spezialisten für Available Light als besonderer Leckerbissen. Als eines der lichtstärksten Objektive, die je für eine serienmäßige Fotokamera gebaut wurden, »sieht« es auch dann noch, wenn andere Systeme bei gleicher Filmempfindlichkeit längst die Waffen gestreckt haben. Allein, diese »Nachttauglichkeit« bei enorm hoher Leistung hat auch ihren Preis, und dies nicht nur in der Anschaffung, sondern in Volumen und Gewicht. Immerhin wiegt dieses Superobjektiv fast ein Kilo! So ist es ein ausgesprochener Spezialist und gewiß kein *Normal*objektiv im herkömmlichen Sinn.

EF 1:1,0/50 mm L USM

Die kleinen Tele

In guter alter Canon-Tradition enthält auch das EF-Programm drei kleine Tele mit besonders hoher Lichtstärke. Da wäre zunächst das EF 1:1,2/85 mm L USM. Auch dieses Objektiv mit Ultraschallmotor wiegt ein gutes Kilo, doch seine Leistung spricht für sich. Erst der Einsatz einer asphärischen Linse machte die hochgradige Korrektion selbst bei voller Öffnung 1:1,2 möglich. In Verbindung mit der leichten Telebrennweite 85 mm erlangt die hohe Lichtstärke besondere Bedeutung für die Reportagefotografie unter schlechten Lichtverhältnissen. Die große Anfangsöffnung erfordert beträchtliche Linsendurchmesser, und so sind für dieses Objektiv Filter des Durchmessers 72 mm erforderlich.

Wenngleich es richtig ist, daß 85 mm eine ideale Porträtbrennweite ergeben, sollte man sich hüten, das »kleine Tele« damit ebenso einseitig abzustempeln wie etwa ein Makro-Ob-

EF 1:1,2/85 mm L USM

Die nebenstehende Skizze zeigt einige der gebräuchlichsten Kleinbildbrennweiten in Relation zu den entsprechenden diagonalen Bildwinkeln und gibt damit eine Vorstellung von den erfaßten Bildausschnitten. Denn wenn wir von Brennweite sprechen, denken wir eigentlich an den Bildwinkel – daran, wieviel das jeweilige Objektiv vom Motiv abbildet.

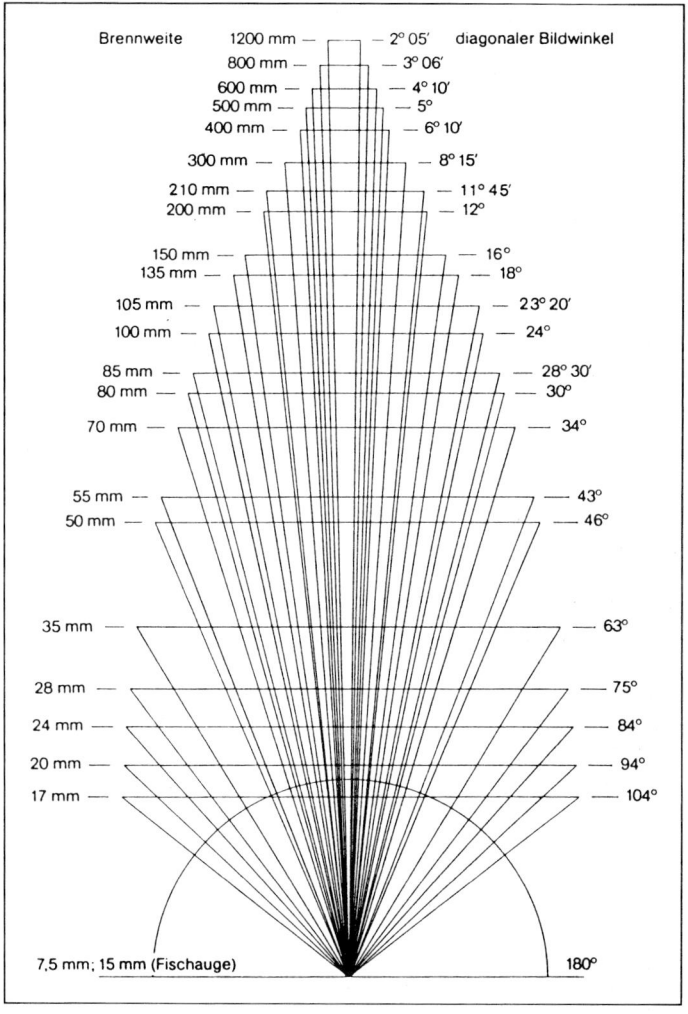

Das kleine Tele ist mehr als nur ein Porträtobjektiv

jektiv, das gleichfalls unter seiner Bezeichnung »leidet«. Nur zu leicht entsteht der Eindruck, diese Objektive wären ausschließlich für die so umrissenen Aufgabenbereiche geeignet. Das Gegenteil jedoch ist der Fall. Die 85 mm ergeben gegenüber dem Normalobjektiv eine wohltuende Ruhe, zwingen zur Straffung des Bildaufbaus. Hand in Hand damit geht der zwangsläufig größere Aufnahmeabstand, der Personen größere Unbefangenheit gibt. So eignet sich das kleine Tele für schlichtweg alles, von der Landschaft über die Action-Fotografie bis zum Porträt. Und nachdem es sich bei diesem EF-Objektiv zudem um einen Lichtriesen handelt, natürlich auch für die Available-Light-Fotografie, für Bühnenaufnahmen und Reportagen.

Dem hochlichtstarken steht ein »nur« lichtstarkes kleines Tele zur Seite, das EF 1:1,8/85 mm USM, das interessanterweise sogar noch eine weitere Linse aufweist als das EF 1:1,2/85 mm – aber eben keine asphärische Linse. Filterdurchmesser 58 mm und ein Gewicht von nur 440 g (gegenüber 1025 g beim hochlichtstarken) kennzeichnet es als ein Objektiv, das sich weniger an den Spezialisten wendet als an die breite Masse der Hobbyfotografen.

Inzwischen gibt es auch ein EF 1:2/100 mm USM als, möchte man sagen, hochlichtstarkes Theaterobjektiv. Doch bitte verstehen Sie diese Bezeichnung nicht falsch, denn sie kategorisiert schon wieder. Hohe Lichtstärke – eine Canon-Spezialität bei den festbrennweitigen Autofokus-Objektiven – bei der doppelten Normalbrennweite schafft bezaubernde Möglichkeiten zum Beispiel in der Porträtfotografie, beim Schnappschießen unter schwierigen Verhältnissen und so weiter. Dabei kommt dieses Objektiv noch mit Filtern des Durchmessers 58 mm aus.

EF 1:2/100 mm USM

Innenfokussierung sorgt dafür, daß sich das Vorderglied bei der Scharfeinstellung nicht dreht, was der Verwendung von Polfiltern und Effektvorsätzen entgegenkommt. Die manuelle Fokussierung ist ohne Abschaltung von AF möglich.

Das Universal-Tele

Mit dem EF 1:2,8/135 mm Softfocus versucht Canon, zwei Fliegen mit einer Klappe zu schlagen: Zunächst sind 135 mm die populärste Telebrennweite, die in der Anwendung absolut unproblematisch ist, in der Wirkung jedoch bereits die typische Handschrift der langen Brennweite erkennen läßt. Die für dieses Objektiv verwendete Bezeichnung »Softfocus« wird sich nachteilig auf Canons Verkaufsziffern auswirken, denn sie kategorisiert das Objektiv wieder einmal einseitig. In Stellung 0 des entsprechenden Einstellrings ist das Objektiv nämlich ein normaler Scharfzeichner, mithin ein völlig normales Teleobjektiv für eine Unzahl verschiedener Motive.

Erst wenn Sie den Weichzeichnerring in Stellung 1 oder 2 bringen, kommt die zweite Eigenschaft des Objektivs zur Geltung: Es verwandelt sich in einen Weichzeichner, der lichtdurchflutete Motive – mit Vorliebe verwendet man ihn für Porträts oder verträumte Landschaften – mit weichen Lichtsäumen überzieht und ihnen einen Hauch Romantik verleiht. Die Weichzeichnung ist nicht nur von der Stellung des Einstellrings abhängig, sondern auch von der zur Anwendung kommenden Arbeitsblende. Es versteht sich, daß sich der Effekt

EF 1:2,8/135 mm

nur durch eigene Versuche abtasten läßt. Im Reflexsucher kann man ihn zwar abschätzen, im vergrößerten Bild tritt er jedoch möglicherweise stärker hervor. Bei starker Weichzeichnung besteht die Gefahr, daß das Motiv hinter einem milchig-weißen Schleier verschwindet, der eine geringfügig kürzere Belichtung erforderlich machen kann. Gegebenenfalls ist deshalb Spotmessung oder die Eingabe eines Korrekturfaktors ratsam.

Der Weichzeichnungseffekt ist im Sucher nur schwer abschätzbar

Lange Brennweiten der Sonderklasse

Die automatische Scharfeinstellung der EOS wird um so interessanter, je länger die verwendete Brennweite. Denn langbrennweitige Objektive erfordern wegen ihrer geringen Schärfentiefe sehr genaue Fokussierung. Wenn man dabei noch bewegte Objekte fotografiert, wie z.B. in der Sportfotografie, kann einen die präzise Nachführung der Schärfe ohne Autofokus schier zur Verzweiflung bringen.

Warum die Bezeichnung »Profi-Tele« bei den Objektiven EF 1:1,8/200 mm L USM, 1:2,8/300 mm L USM, 1:2,8/400 mm L USM, 1:4,5/500 mm L USM, 1:4/600 mm L USM und 1:5,6/1200 mm L USM II angebracht ist, werden Sie spätestens bei einem Blick auf die Preisliste verstehen: Tausende

Bei den Profi-Teles EF 1:1,8/200 mm L USM, EF 1:2,8/200 mm L USM, EF 1:2,8/300 mm L USM, EF 1:2,8/400 mm L USM und EF 1:4/600 mm L USM handelt es sich um hochgezüchtete, apochromatisch korrigierte Exoten mit Ultraschallmotor.

von Mark müssen Sie für jeden dieser apochromatisch korrigierten Exoten hinblättern. Was nicht heißen soll, daß Sie damit auch nur eine Mark verschenken würden – wenn Sie sie eben für diesen Zweck übrig haben. Und wenn Sie derartig

hochgezüchtete, hochlichtstarke Tele- bzw. Fernobjektive für Ihre Art der Fotografie brauchen.

Doch nicht ausschließlich an den Profi wendet sich Canon mit langbrennweitigen Objektiven. Für die derzeit – und zu Recht – so beliebte Telebrennweite 200 mm gibt es das EF 1:2,8/200 mm L USM als preiswertes Hochleistungsobjektiv großer Öffnung. Ein neuartiger optischer Aufbau gestattet die Kompensation des Öffnungsfehlers bei Änderung der Einstellentfernung. Dies führt zu einer merklichen Verbesserung der Abbildungsleistung im mittleren und Nahbereich. Zwei der neun Linsen im siebengliedrigen System bestehen aus UD-Glas mit anomaler Teildispersion und verringern die Farbrestfehler. Der optische Aufbau reduziert außeraxiale Abbildungsfehler auf ein Minimum.

Ultraschallmotor und Innenfokussierung garantieren superschnelle Scharfeinstellung im AF-Betrieb. Die manuelle Fo-

Die Brennweite 200 mm ist enorm vielseitig und dient beileibe nicht nur dazu, weit entfernte Dinge »heranzuholen«, Gerade auf mittlere Distanz fängt sie überzeugende Schnappschüsse ein. Vor allem auf Reisen bewährt sich dabei der wohltuende Abstand zum Objekt, der Befangenheit abbaut und oft überhaupt erst die Möglichkeit zu einer lebensnahen Aufnahme schafft. Kodachrome 64.

kussierung erfolgt mit einem mechanischen Einstellring. Das EF 1:2,8/200 mm L USM ist mit den Canon-EF-Konvertern 1,4x und 2x kompatibel, so daß sich Autofokus-Objektive mit den Daten 1:4/280 mm bzw. 1:5,6/400 mm ergeben. Der Filterdurchmesser beträgt 72 mm.

Die Brennweite 200 mm ist eine der auch für eine automatische Kamera interessantesten, denn sie erschließt Ihnen – insbesondere auf relativ kurze Entfernungen eingesetzt – faszinierende Aufnahmen. Der Bildwinkel von nur noch 12° sorgt für enorme Ruhe im Bild, für weitgehende Konzentration im Ausschnitt. Die Schärfentiefe ist bei dieser Brennweite bereits eng begrenzt, was sich auf kurze Abstände besonders stark auswirkt. Deshalb wirken zum Beispiel Personenschnappschüsse mit 200 mm – oder einer noch längeren Brennweite – so zwingend: Der starke Schärfenabfall zum Vorder- bzw. Hintergrund taucht alles Unwichtige in Unschärfe, läßt allein das Motiv übrig. Wenn wir übrigens an dieser Stelle von Brennweite 200 mm sprechen, so brauchen wir uns gedanklich nicht auf festbrennweitige Objektive zu beschränken, denn natürlich gelten alle diese Aussagen ebenso für die Zoomobjektive, die diese Brennweite einem noch größeren Kreis von Hobbyfotografen erschließen (mit Einschränkungen bezüglich der Lichtstärke).

Eine Parallelentwicklung ist das EF 1:4/300 mm L USM, das sich gleichfalls als preiswertes Hochleistungsobjektiv versteht. Es zeichnet sich durch hochgradige Korrektur der Abbildungsfehler über den gesamten Einstellbereich aus. Wieder dienen zwei Linsen aus UD-Glas mit anomaler Teildispersion zur Verringerung der Farbrestfehler. Auch bei diesem System konnten außeraxiale Abbildungsfehler auf ein Minimum reduziert werden.

Ultraschallmotor und Innenfokussierung zeichnen auch dieses Objektiv aus. Zur manuellen Fokussierung dient ein

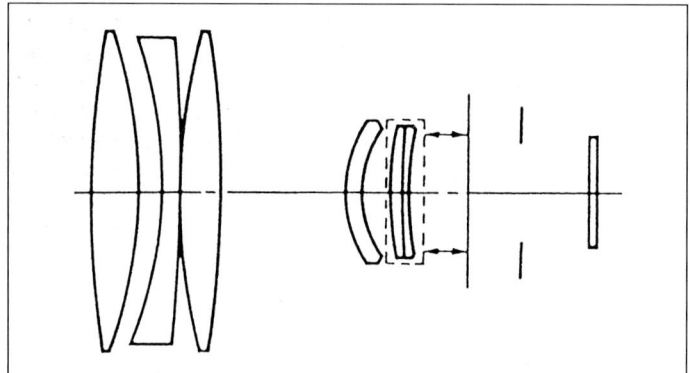

Innenfokussierung verringert die zu bewegenden Massen und gestattet die Schaffung wesentlich kompakterer Objektive mit höherer Nahbereichsleistung und kürzerer Naheinstellgrenze. Der Objektivschwerpunkt verlagert sich bei der Fokussierung nicht.

mechanischer Einstellring. Das EF 1:4/300 mm L USM kann mit dem EF-Konverter 1,4x kombiniert werden, so daß sich ein Autofokus-Objektiv mit den Daten 1:5,6/420 mm ergibt. Bei Verwendung des EF-Konverters 2x ergibt sich ein System mit den Daten 1:8/600 mm, doch ist in diesem Fall manuelle Fokussierung erforderlich.

Die Brennweiten 300 mm, 400 mm oder gar 600 mm erzeugen eine stark gestauchte Perspektive. Bilddetails, die in der Natur weit voneinander entfernt sind, werden so weit aufeinandergerückt, daß sie fast in einer Ebene zu liegen scheinen. Typisch jene Aufnahmen, die ein Gebäude oder eine Stadtsilhouette gegen eine dominierende, zum Greifen nahe Bergkette zeigen – während in Wirklichkeit 50 oder mehr Kilometer Entfernung zwischen beiden liegt. Das ist die Handschrift der langen Brennweite, die eine perspektivisch eigene Welt schaffen und den realen Tatbestand bis zur Unkenntlich-

EF-Konverter 2x

keit verändern kann. Für Aufnahmen eingesetzt, die informieren sollen, wird die lange Brennweite (ebenso wie die superkurze) zum Lügner. Im Sinne der reinen fotografischen Gestaltung hingegen darf sie das Spiel der Verfremdung getrost bis zum Extrem treiben.

Für die genannten Objektive gibt es zwei spezielle Telekonverter, sogenannte Extender. Der Extender EF 2x verlängert die Brennweite des Grundobjektivs um das Doppelte, der EF 1,4x um den Faktor 1,4. Dabei gehen im ersteren Fall zwei Blenden, im letzteren eine Blende an Lichtstärke verloren. Die Naheinstellgrenze der Objektive bleibt jedoch unverändert, so daß sich mit dem Zweifach-Extender der doppelte Abbildungsmaßstab ergibt.

EF-Konverter 1,4x

Die Zoomobjektive

»Zooms« werden sie im schnoddrigen Deutsch-Englisch dieser Tage kurz genannt. Nach DIN sind es »Vario-Objektive«, jene Systeme, deren Brennweite sich – natürlich in Grenzen – stufenlos verändern läßt. Sie haben die Welt der Kleinbild-Reflexfotografie entscheidend beeinflußt, denn sie stellen eine Vielzahl von Bildwinkeln zur Verfügung – lediglich auf Schub oder Dreh, ohne jeden Objektivwechsel.

Funktionsweise eines Zoomobjektivs in Zweigruppen-Bauweise. Der obere Schnitt zeigt die Einstellung auf kürzeste, der untere auf längste Brennweite.

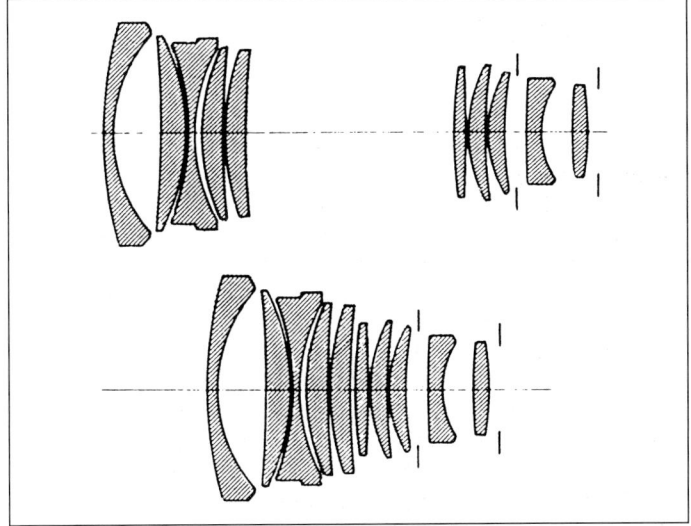

So angenehm es ist, einen ganzen Objektivsatz gegen ein einziges System einzutauschen, so groß ist die Gefahr einer Verflachung. Denn ebenso wie im Film das »Pumpen« mit dem Zoomobjektiv, das ständige – meist unmotivierte – Rein und Raus, zur wahren Seuche geworden ist, ebenso verführt das Zoomobjektiv in der Stehbildfotografie zur Faulheit. Statt das Motiv auf der Suche nach dem günstigsten Aufnahmestandort zu umkreisen, baut sich der moderne Zoomfotograf irgendwo auf, dreht sich mit dem Zoomring den Ausschnitt zurecht – und drückt drauf. Das ist der Fluch des Zooms.

Generell ist es die Lichtstärke, die bei den Zoomobjektiven Opfer fordert. Der Anforderungen sind einfach zu viele, die der geplagte Konstrukteur unter einen Hut bringen muß. Und so muß irgend etwas auf der Strecke bleiben. Vor allem das Bestreben, möglichst kompakte Systeme mit möglichst großen Brennweitenbereichen zu schaffen, läßt bei den längeren Brennweiten immer wieder Lichtstärke 1:5,6 auftauchen. Und damit haben Sie mit normalempfindlichem Film keine Chance mehr, es sei denn, Sie würden ausschließlich statische Motive vom Stativ aus fotografieren.

Zoomobjektive schließen Kompromisse bei der Lichtstärke

Sämtliche normalen Zoomobjektive zur EOS verfügen übrigens über eine Naheinstellung, die über den gesamten Brennweitenbereich wirksam ist. Damit kompensiert man die relativ großen kürzesten Einstellentfernungen dieser Objektive.

Weitwinkel- und Normalzooms

Gleich das erste Objektiv der Brennweitenreihe ist ein echter Schlager: Das EF 1:2,8/20-35 mm L überstreicht nicht nur den gesamten dem Kleinbild zugeordneten Weitwinkelbereich, sondern stößt nach unten bis zum echten Superweitwinkel vor.

Auch in seiner Abbildungsleistung ist dieses Objektiv, dessen etwas lichtschwächerer FD-Vorgänger bereits Lorbeeren erntete, einsame Klasse, wozu eine asphärische Linse entscheidend beiträgt. Und wer der Weitwinkelfotografie verfallen ist, der wird sich ohne Brennweite 20 mm nackt vorkommen. Sie erfordert Verständnis für die Besonderheiten der steilen Perspektive. Doch mit Gefühl eingesetzt, schafft sie Bilder von besonderer Eindringlichkeit.

EF 1:2,8/20-35 mm L

Wer immer eine Schwäche für die Weitwinkelfotografie hat, kommt an diesem Objektiv nicht vorbei, selbst wenn es nicht gerade billig ist. Doch wenn Sie sich den entsprechenden Satz festbrennweitiger Objektive kaufen würden, kämen Sie auch nicht billiger weg – und hätten die Tasche schwer, die Hände voll beim Wechseln.

Das EF 1:3,5-5,6/28-80 mm USM ist zweifellos eines der interessantesten der vom Weitwinkel bis zur verlängerten Normalbrennweite reichenden Zooms im Programm, denn es verbindet einen attraktiven Preis mit einem für die Praxis unentbehrlichen Brennweitenbereich. Seinen praktisch lautlosen Betrieb verdankt das Objektiv dem Ultraschallmotor. Manuelle Fokussierung ist ohne Abschaltung von AF möglich. Die Baulänge des Objektivs bleibt beim Zoomen konstant.

Das eingebaute Blitzgerät der EOS 5 ist präzise auf den Brennweitenbereich von 28 mm bis 80 mm abgestimmt. Das Objektiv seinerseits ist so konstruiert, daß es bis auf einen Aufnahmeabstand von 1 m das Blitzlicht nicht abschattet.

Hervorragende Korrektion der Abbildungsfehler und eine besonders leichte, kompakte Konstruktion sind die Folge des Einsatzes einer neuen Art asphärischer Linse. Das EF 28-80 mm ist das erste Objektiv, in dem diese asphärische Verbundlinse Verwendung findet. Sie entsteht durch Aufschmelzung einer UV-gehärteten Kunststoffschicht mit asphärischer Oberfläche auf eine sphärische Linse.

EF 1:3,5-5,6/28-80 mm USM

Eine weitere Besonderheit des Objektivs ist eine Streulichtblende, die sich zwischen dem zweiten und dritten Glied bewegt und Streulicht über den gesamten Brennweitenbereich wirksam unterdrückt.

Die bei jeder Brennweite einsetzbare Makro-Einstellung des Objektivs ergibt eine Naheinstellgrenze von 0,5 m und einen größten Abbildungsmaßstab von 1:5,5. Filter müssen den Durchmesser 58 mm haben.

Bliebe als einziger Wermutstropfen das extrem starke Gleiten der Lichtstärke: Von 1:3,5 auf 1:5,6 – um eineinhalb Blendenstufen! – verringert sich die Lichtstärke von kürzester zu längster Brennweite. Und das ist wahrlich nicht berauschend. So sollten Sie denn, wenn Sie dieses Objektiv als Normalausrüstung wählen, nach Möglichkeit keinen Film einsetzen, dessen Empfindlichkeit unter ISO 200/24° liegt.

Sein lichtstärkerer Bruder, das EF 1:2,8-4/28-80 mm L USM, bringt schon mehr als das dreifache Gewicht auf die Waage – und kostet rund dreimal soviel! Bei dieser Sachlage wird Ihnen die Wahl vermutlich leichtfallen.

Dabei ist das 28-80 mm L USM eine stolze Leistung. Dank seines Ultraschallmotors fokussiert es praktisch lautlos und außerordentlich schnell. Zwei asphärische Linsen sorgen für hervorragende Abbildungsleistung. Eine ausziehbare Gegenlichtblende ist eingebaut. Das Filtergewinde dreht sich bei der Fokussierung nicht, so daß der Einsatz eines Polfilters erleichtert wird. Allerdings – Volumen und Gewicht sind nicht zu verleugnen. Immerhin wiegt das Objektiv weit mehr als die EOS 5!

EF 1:2,8-4/28-80 mm L USM

Relativ neu im Programm ist das EF 1:3,5-4,5/28-105 mm USM – ein für seinen Brennweitenbereich enorm kompaktes System mit nur 365 g Gewicht. Es zählt zum Typ der »erweiterten Normalzooms« und wendet sich an jene Hobbyfotografen, die ein einziges Objektiv suchen, das all ihre Bedürfnisse erfüllt. Denn von der mittleren Weitwinkelbrennweite 28 mm bis zum »fast-richtigen« Tele mit 105 mm deckt dieses Objektiv mit Sicherheit die große Mehrzahl normaler Aufnahmesituationen ab. Dabei kommt es mit Filterdurchmesser 58 mm aus.

EF 1:3,5-4,5/28-105 mm USM

Was sich hiernach an Zooms anschließt, beginnt zunächst mit der gemäßigten Weitwinkelbrennweite 35 mm. In diesem Bereich überschlägt sich das Angebot geradezu. Das EF 1:4-5,6/35-80 mm mag als preisgünstigstes »Normalzoom« gelten, gewissermaßen als Normalobjektiv veränderlicher Brennweite. Dabei ist seine Abbildungsleistung trotz seines recht konventionellen Aufbaus erstaunlich hoch. Mit einem Gewicht von nur noch 170 g und einer Baulänge von 61 mm weist es sich für seinen Brennweitenbereich als ausgesprochene Kompaktkonstruktion aus. Für 80 mm allerdings ist seine Lichtstärke 1:5,6 recht mager und setzt die Verwendung von Film mit mindestens ISO 200/24° voraus.

EF 1:4-5,6/35-80 mm

Das EF 1:4,5-5,6/35-105 mm schließt einen guten Kompromiß zwischen kurzen und langen Brennweiten und wird zum Objektiv der Wahl, wenn man entweder nicht die Absicht hat, den Brennweitenbereich nach oben auszuweiten, oder aber ein EF 100-300 mm anpeilt. Leider ist auch hier wieder die Lichtstärke nur mager. Mit einem Gewicht von nur 280 g und einer Baulänge von runden 63 mm ist das EF 35-105 außerordentlich kompakt und gut zum dauernden Verbleib an der Kamera geeignet. Inzwischen gibt es auch eine USM-Ausführung dieses Objektivs mit praktisch identischen Daten.

EF 1:4,5-5,6/35-105 mm

Das EF 1:4-5,6/35-135 mm verdient die Bezeichnung »Universalobjektiv«, denn vom gemäßigten Weitwinkel bis zur populärsten Telebrennweite bietet es alles in einem. Mit 475 g hält sich sein Gewicht noch in Grenzen, und auch eine Baulänge von etwa 94,5 mm spricht nicht gegen den ständigen Verbleib an der Kamera. Dank einer asphärischen Linse kann es mit hoher optischer Leistung aufwarten. Es ist das Objektiv der Wahl für all jene, die sich nur ein einziges Objektiv zulegen möchten. Doch der Fortschritt ist unaufhaltsam. Inzwischen hat es einen »Bruder« bekommen, das EF 1:4-5,6/35-135 mm, das zwar mit einem Ultraschallmotor ausgerüstet ist, jedoch mit seiner um eine volle Stufe geringeren Lichtstärke zu denken gibt. Ein »Universalobjektiv« mit größter Öffnung 1:5,6 bei 135 mm Brennweite? Da erscheint auch der USM ein schwacher Trost.

EF 1:4-5,6/35-135 mm

Die Telezooms

EF 1:3,5-4,5/70-210 mm

Die reinen Telezooms werden zur idealen Ergänzung eines Weitwinkel/Normalzooms. Im wohl populärsten Brennweiten- bereich 70-210 mm besticht ein EF 1:3,5-4,5/70-210 mm als Kompaktausführung mit einem Ultraschallmotor. Die gleitende Lichtstärke ließ eine Konstruktion mit nur 550 g Gewicht und einer Baulängen von runden 121 mm zu. Die Naheinstellgren- ze liegt bei 1,2 m – für 210 mm ein sehr guter Wert, für 70 mm recht dürftig. Filter müssen Durchmesser 58 mm haben.

EF 1:4-5,6/75-300 mm

Das EF 1:4-5,6/75-300 mm mag als verlängerte Version eines Televarios 70 oder 80 mm-200 mm gelten. Gemessen an heutigen Maßstäben ist seine Lichtstärke dabei guter Durchschnitt. Beachtlich die Tatsache, daß es noch 50 g weniger wiegt als das EF 70-210 mm. Auch seine Baulänge ist praktisch identisch mit jener des 70-210 mm, so daß die Konstruktion insgesamt zur hochinteressanten Alternative ge- genüber jenem wird, solange man die um eine halbe Stufe geringere Lichtstärke akzeptiert. Ihm an die Seite getreten ist inzwischen ein Objektiv mit praktisch identischen Daten, je- doch mit Ultraschallmotor.

EF 1:4-5,6/80-200 mm

Neueren Datums ist auch ein EF 1:4,5-5,6/80-200 mm, dessen Gewicht und Baulänge sensationell sind: 275 g und 77,8 mm! Allerdings gilt auch hier die Einschränkung, daß Lichtstärke 1:5,6 bei längster Brennweite – und gar bei 200 mm – keine rosigen Zeiten für die Freihandfotografie ver- spricht. Denn bei 200 mm Brennweite sollten Sie aus der Hand nicht länger als 1/250 s belichten. Ohne zumindest mittelemp- findlichem Film geht da sehr bald nichts mehr. Mit praktisch identischen Daten – noch eine Kleinigkeit leichter – brachte Canon inzwischen auch ein solches Objektiv mit Ultraschall- motor heraus.

EF 1:2,8/80-200 mm L

Ein Paukenschlag ist das EF 1:2,8/80-200 mm L, das mit drei UD-Glas-Linsen eine hervorragende Korrektion der Farb- fehler erreicht. Die begeisternde Bildqualität in Verbindung mit der für ein Zoomobjektiv dieses Brennweitenbereichs hohen Lichtstärke machen es zum idealen Telezoom für den enga- gierten Anwender, zumal sein Preis auch für den ernsthaften Hobbyfotografen noch erschwinglich scheint. Die größte Öff- nung 1:2,8 gestattet bei 200 mm Brennweite bereits die sehr selektive Plazierung der Schärfe – ein gewichtiges Argument für den kreativen Fotografen. Zudem schafft Blende 2,8 will- kommenen Spielraum bei ungüstigen Lichtverhältnissen. Zwar sorgt allein das Gewicht von 1330 g für eine »ruhige Hand«, doch kurze Verschlußzeit ist bei langen Brennweiten stets gefragt. Und vor allem, wenn man die überragende

Abbildungsleistung eines apochromatisch korrigierten Objektivs auch wirklich voll nutzen möchte, ohne sie durch eine Kamerabewegung – und sei sie noch so gering – verwässert zu sehen. Wer immer ein Spitzen-Telezoom sucht, findet hier die Erfüllung seiner Wünsche.

Die verbleibenden Telezooms beginnen mit Brennweite 100 mm. Neu ist ein EF 1:4,5-5,6/100-300 mm mit Ultraschallmotor, das das bisherige EF 1:5,6/100-300 mm mit Bogenmotor ablöst. Eine L-Version des letzteren ist besonders interessant, denn zu einem attraktiven Preis erfüllt sie besonders hohe Ansprüche an Auflösungsvermögen, Farbbrillanz und Kontrastwiedergabe. Verantwortlich hierfür sind Linsen aus UD-Glas und Calciumfluorid. Bei all diesen Objektiven unerläßlich wird allerdings die Verwendung hochempfindlichen Films, denn Lichtstärke 1:5,6 läßt Ihnen in diesem Brennweitenbereich keinen großen Spielraum für Aufnahmen aus der Hand.

Die meisten L-Objektive sind apochromatisch korrigiert

Spezialobjektive

Wir hatten zwar bereits die festbrennweitigen Objektive im Sinne der Hobbyfotografie nach heutiger Definition als Spezialisten bezeichnet, doch es geht auch noch spezieller. Zum einen wären da die Makro-Objektive, die ein gewisses Doppelleben führen, denn sie taugen gleichermaßen für Spezialaufgaben im Nahbereich wie als Universalobjektive der jeweiligen Brennweite. Zum anderen jedoch geht's im EF-Programm auch so speziell, daß kein anderer Hersteller mehr mitkommt. Nur Canon baut nämlich Objektive, die den ansonsten starren Kleinbildkameras erstens die Dezentrierung und Verschwenkung des optischen Systems erschließen und zweitens mit systemkonformem AF-Bajonett versehen sind, sich also harmonisch einfügen in die optische Ausrüstung modernster Autofokus-Kameras. Gemeint sind natürlich die TS-E-Objektive zur Perspektivekorrektur.

TS-Objektive gibt's nur bei Canon

Die Makro-Objektive

Zwar verfügen alle normalen Canon-Zooms über eine sogenannte Makro-Einstellung, doch wir sollten nicht vergessen, daß diese Objektive nur für Nahaufnahmen für die Zwecke der bildmäßigen Fotografie geeignet sind. Bei einer Blume, einem Kleintier oder einem anderen dreidimensionalen Objekt spielt es keine so große Rolle, wenn die Bildecken nicht völlig scharf sind. Man wird es meist nicht bemerken. Bei Reproduktionen von zweidimensionalen Vorlagen hingegen wird ein Schärfenabfall zum Rand sofort augenfällig.

Während normale fotografische Aufnahmeobjektive für große Aufnahmeabstände konstruiert sind und deshalb im Nahbereich keine optimale Leistung mehr erbringen können, sind Makro-Objektive wesentlich maßstabsneutraler ausgelegt. Als sogenannte Planobjektive sind sie für eine strenge Bildebene gerechnet und zeichnen auch bei sehr kurzen Aufnahmeabständen bis in die Bildecken scharf. Die wichtigste Makro-Brennweite sind zweifellos 50 mm, denn mit längerer Brennweite nimmt der freie Arbeitsabstand zu. Bei Reproduktionen von einem Reprogestell jedoch ist man gerade an kurzen Aufnahmeabständen interessiert. Eine längere Brennweite als 50 mm wäre für diese Zwecke von Nachteil.

Das EF 1:2,5/50 mm Makro gestattet die stufenlose Einstellung von Unendlich bis zum Abbildungsmaßstab 1:2. Das ist etwa die Grenze für Aufnahmen aus der Hand. Bei noch stärkerer Vergrößerung schmilzt die Schärfentiefe auf so geringe Werte zusammen, daß die geringste Abstandsänderung zur hoffnungslosen Auswanderung der Schärfenebene führt. Ein Beweis für den in den letzten Jahren erzielten optischen Fortschritt ist die (für ein Makro-Objektiv) hohe Lichtstärke, die das Objektiv auch als *Normalobjektiv* außerordentlich attraktiv macht. Denn dieses Objektiv bietet nicht nur höchste Auflösung und Bildfeldebnung im Nahbereich, sondern es besticht auch im Fernbereich durch hervorragende Abbildungsleistung. Damit wird es zum idealen Normalobjektiv für jeden, der nicht auf einem Zoomobjektiv besteht. Durch die stufenlose Einstellung von Unendlich bis 1:2 gibt es nämlich in der normalen Fotografie praktisch nichts, was dieses Objektiv nicht auf den Film bannen könnte.

Das Objektiv braucht etwa eine Sekunde zum Durchfahren des gesamten Einstellbereichs. Seine Frontlinse ist durch einen überlangen Fronttubus so gut gegen seitliches Streulicht abgeschirmt, daß eine Gegenlichtblende überflüssig wird – sofern kein Filter vorgeschaltet ist.

Verwendete man früher einen speziellen Zwischenring zur Erfassung des Einstellbereichs von 1:2 bis zu 1:1, ist es heute ein Makro-Konverter EF, der mit voller Datenübertragung die Brücke schlägt. Wie die Bezeichnung »Konverter« bereits andeutet, verlängert dieser »Zwischenring« nicht einfach den Auszug, sondern er verfügt über ein optisches System, das die Korrektur des Objektivs dem genannten Maßstabsbereich anpaßt. Und damit ist optimale Bildqualität sichergestellt.

Dem ernsthaften Nahfotografen, der auch in der bildmäßigen Nahfotografie kompromißlos höchste Abbildungsleistung

EF 1:2,5/50 mm Makro

**Ein Makro-Konverter
führt bis 1:1**

sucht, steht das EF-Makro-Objektiv 1:2,8/100 mm zur Verfügung. Seine gegenüber dem normalen Makro-Objektiv doppelt so lange Brennweite ergibt naturgemäß auch größere freie Arbeitsabstände – und genau das ist in der Nahfotografie in der Natur gefragt, sei es, um die Fluchtdistanz von Kleintieren einzuhalten, weniger angenehmen Zeitgenossen – giftigen Schlangen, zum Beispiel – nicht zu nahetreten zu müssen oder auch schwierig zugängliche Objekte noch abbilden zu können. Dieses Objektiv gestattet sogar die stufenlose Einstellung von Unendlich bis zum Maßstab 1:1. Seine hohe Lichtstärke 1:2,8 macht es zum idealen Universalobjektiv der Brennweite 100 mm, denn auch hier sollten wir die Bezeichnung »Makro« keineswegs einschränkend verstehen.

Auch in Wald und Flur haben Makro-Objektive ihre Berechtigung

Das Objektiv ist mit dem neuen »MM« (Mikromotor) ausgerüstet, bei dem es sich um eine weiterentwickelte Ausführung des Ultraschallmotors handelt. Es kommt mit Filtern des Durchmessers 52 mm aus.

Objektive zur Perspektivekorrektur

Auf gut Deutsch heißen Sie »Tilt-and-Shift«-Objektive, womit Sie sicher wissen, was ich meine, oder zumindest, woher das »TS« in drei Spezialobjektiven kommt, die Canon in dieser

Durch Höhenverstellung eines TS-E-Objektivs gelingt die Abbildung höherer Gebäude auch bei senkrecht ausgerichteter Kamera und damit ohne stürzende Linien. Der unerwünschte Vordergrund wird aus dem Bild verbannt. Dieser Flächengewinn kommt den oberen Gebäudeteilen zugute.

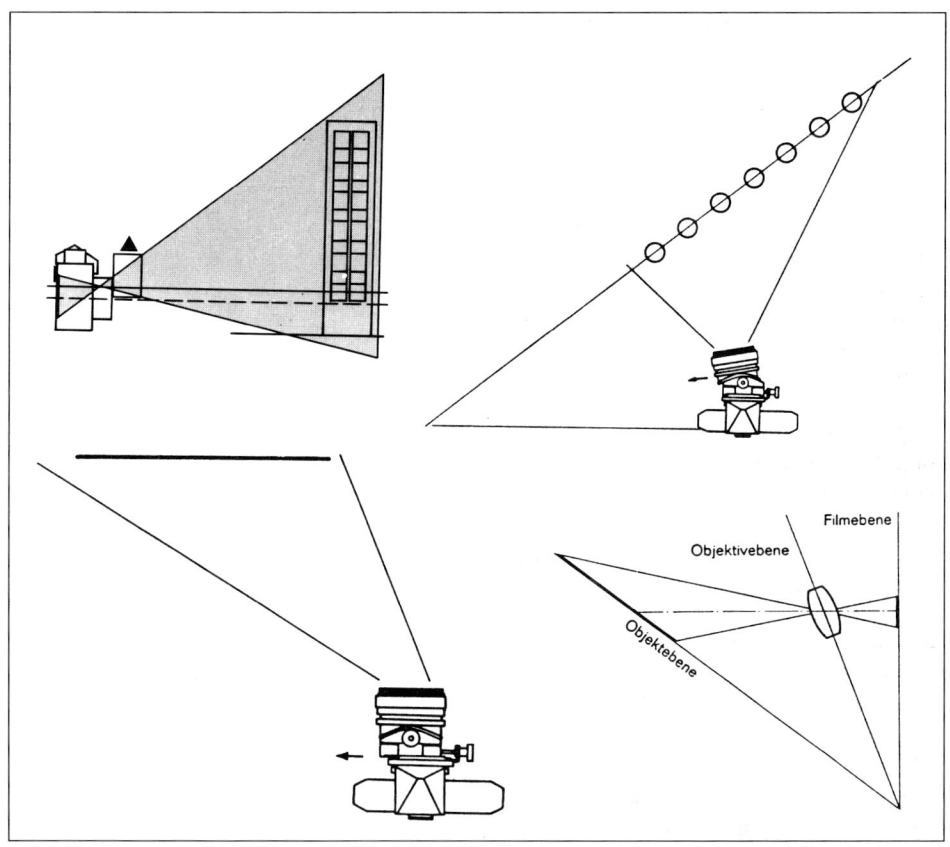

Objektivebene

Filmebene

Objektebene

Linke Spalte: Oben: Prinzip der Verstellung des optischen Systems eines TS-E-Objektivs. Unten: Seitliche Dezentrierung gestattet die »frontale« Abbildung aus seitlicher Sicht. Rechte Spalte: Oben: Nach der Scheimpflugschen Regel lassen sich auch schräg durch das Bildfeld laufende Strukturen ohne Abblendung scharf abbilden. Unten: Nach Scheimpflug werden ungeachtet der Abblendung alle Objekte scharf abgebildet, deren Ebene sich in der Verlängerung mit jener des Objektivs und des Films schneidet.

Form als einziger Hersteller für Kleinbild-Spiegelreflexkameras – und obendrein Autofokus-Kameras – anbietet. Im früheren FD-Programm gab es ein derartiges Objektiv mit Brennweite 35 mm, heute findet der interessierte Anwender gleich drei Systeme dieser Kategorie vor, die sämtlich eine der schwerwiegendsten Handicaps der Kleinbildkamera beseitigen: die Starrheit ihres optischen Systems.

Die TS-E-Objektive im Rahmen des EF-Programms bieten zwei Besonderheiten: Zum einen ist ihr optisches System in gewissen Grenzen allseitig dezentrierbar, zum anderen verschwenkbar. Und damit kann man eine Menge anfangen, wovon der normale Kleinbildfotograf nur träumen kann. Im Prinzip ahmen diese Objektive nur die verstell- und verschwenkbare Objektivstandarte beruflicher Großformatkameras nach, ohne die all jene Werbeaufnahmen undenkbar wären, die tagtäglich von tausend Reklametafeln auf uns herabblicken.

Die vielleicht bekannteste Anwendung der Dezentrierbewegung ist die Vermeidung stürzender Linien: Dezentriert man das optische System nach oben, verschwindet wie von Geisterhand jener sowieso meist unerwünschte Vordergrund, und die Oberteile eines Gebäudes rücken ins Bild. Dabei verringert sich zunehmend jene störende Fluchtung vertikaler Linien – das Gebäude wird schließlich mit parallelen Seiten abgebildet. Der weite Winkel eines Weitwinkelobjektivs wird effektiv auf das Gebäude verwendet. (Bei nicht geneigter Kamera ließe er sich ohne Dezentrierung nur zur Hälfte nutzen.) Eine solche Dezentrierung setzt natürlich voraus, daß das Objektiv einen wesentlich größeren Bildkreis auszeichnet als sonst üblich. Innerhalb dieses Bildkreises wandert gewissermaßen das Bildformat.

Dezentrierbare Objektive gestatten volle Nutzung des Bildwinkels

Doch nicht nur stürzende Linien sind die »Kunden« der Verstellung. Seitliche Dezentrierung des Objektivs gestattet zum Beispiel »Frontalaufnahmen« bei seitlicher Kamera-Aufstellung. So lassen sich Sichthindernisse ganz wörtlich »umgehen«. Oder aber, die Kamera entzerrt ein stark horizontal fluchtendes Gebäude zumindest teilweise, wenn es um eine mehr informative Aufnahme geht. Oder der Fotograf verbannt sein Spiegelbild aus einer Glasfläche, durch die hindurch er fotografieren muß – bei seitlicher Kamera-Aufstellung durchaus möglich. Oder man nutzt die Verstellbewegung für Panorama-Aufnahmen: zuerst nach links, dann nach rechts.

Auch seitliche Fluchtung läßt sich beseitigen

Doch nicht allein für die Sachfotografie eignet sich ein dezentrierbares Objektiv. Selbst bei recht allgemeinen Anwendungen – sogar in der Landschaft – kann die Verstellbewegung Vorteile bringen. Denn erst sie gestattet volle Nutzung eines weiten Bildwinkels durch »Wegstellen« störender Vordergrunddetails, sei es seitlich oder nach oben. So wird es buchstäblich möglich, Hindernisse zu »überspringen«. Ein Stativ ist bei diesen Anwendungen keine unbedingte Voraussetzung. Die Dezentrierung läßt sich auch aus der Hand beherrschen.

Und was stellen Sie mit der Verschwenkung an? Nun, hier müssen wir uns des Herrn Scheimpflug erinnern, der folgende Regel aufstellte: Eine Objektebene wird ungeachtet der verwendeten Blendenöffnung scharf abgebildet, wenn sich ihre Verlängerung mit jener der Objektivebene und der Bildebene schneidet. Und das heißt in der Praxis, daß Strukturen, die von vorn nach hinten durchs Bild laufen und sich selbst bei voller Abblendung mit einem starren Objektiv nicht scharf wiedergeben ließen, auch *ohne* jede Abblendung scharf abgebildet werden können. Die Bildwirkung ist verblüffend, und die uns überall umgebenden Sachaufnahmen wären ohne diesen optischen Trick überhaupt nicht realisierbar.

Verschwenkung scheint optische Gesetze aufzuheben

Die drei TS-E

Canon bietet gleich drei verstell- und verschwenkbare Objektive für EOS-Kameras an: das TS-E 1:3,5/24 mm L, das TS-E 1:2,8/45 mm und das TS-E 1:2,8/90 mm. Das Original-EF-Bajonett gestattet problemlosen Anschluß und vollelektronische Signalübertragung wie gewohnt. Im Gegensatz zu EF-Objektiven besitzen die TS-E jedoch keinen Fokussiermotor, denn – und das ist absolut folgerichtig – sie sind nicht zur automatischen Fokussierung bestimmt, die für die hier infragekommenden Aufgaben ohnehin ungeeignet ist. Sie erschließen der Autofokus-Kamera nur die besonderen Möglichkeiten der Perspektivekorrektur.

TS-E 1:3,5/24 mm L

Die Innenmessung der EOS funktioniert natürlich auch mit diesen Objektiven. Allerdings gibt es eine Einschränkung: Bei Ausnutzung der Verstell- bzw. Schwenkbewegung entfernen Sie sich immer mehr von der eigentlichen optischen Achse, geraten also zunehmend in die Randbereiche des Bildkreises. Und wir wissen, daß zu den Rändern hin ein natürlicher Lichtabfall eintritt. Die besondere Geometrie des Strahlengangs in einer Innenmeßkamera macht es leider unmöglich, bei Verstellung bzw. Verschwenkung eines solchen Objektivs noch genau zu messen. Würden Sie die Belichtungsmessung erst nach der Verstellung vornehmen, müßten Sie mit einer deutlichen Abweichung rechnen.

TS-E 1:2,8/45 mm

So kann die Belichtungsautomatik der EOS mit diesen Objektiven nur teilweise genutzt werden. Lesen Sie die von der Kamera in *Grundstellung* des Objektivs automatisch ermittelten Belichtungsdaten ab, schalten Sie auf »M«, richten Sie das Objektiv ein und stellen Sie die abgelesenen Werte ein, geben Sie jedoch bei voller Ausnutzung der Verstellbewegung etwa eine halbe Blende zu, um dem natürlichen Helligkeitsabfall entgegenzuwirken. Eigene Versuche werden Ihnen zeigen, wie nah Sie sich dem Optimum mit diesem Verfahren nähern, so daß Sie dann individuelle Korrekturen ermitteln können.

TS-E 1:2,8/90 mm

Zubehör zur EOS 5

Wie haben sich die Zeiten gewandelt! Vor noch nicht allzu langer Zeit mußte jede einäugige Spiegelreflexkamera, die auch nur etwas auf sich hielt, ein »System-Diagramm« mit mindestens 60 Positionen nachweisen. Heute fragt man sich, ob moderne Kameras dieses Typs wirklich noch so vielseitig sind – denn Zubehör haben sie nur relativ wenig aufzuweisen.

Moderne SLRs brauchen nur wenig Zubehör

Auch das ist ein Maß für den technischen Fortschritt. Was sich einstmals nur mit einem Koffer voller Zubehör verwirklichen ließ, ist heute schlicht und einfach eingebaut. Geradezu langweilig!

Systemzubehör

So bleibt auch der EOS 5 nicht mehr allzuviel an echtem Zubehör, wenn wir einmal von den Objektiven absehen wollen, die inzwischen wohl den Platz dessen eingenommen haben, was man in der Vergangenheit als das »Drum und Dran« einer einäugigen Reflexkamera empfand.

Der Hochformat-Handgriff

Ein Zubehör, das das Profi-Image pflegt, ist dieser Handgriff, der in der Stativbuchse der EOS 5 befestigt wird. Er kuppelt über eine eingebaute Steckverbindung mit dem elektroni-

142/1
Kamera mit Hochformathandgriff

Der Hochformat-Handgriff sieht sehr »professionell« nach Motor-Booster aus, ist es jedoch nicht – was andererseits angesichts der hohen Motorgeschwindigkeit der EOS 5 auch nicht nötig ist.

schen System der Kamera und erleichtert Hochformataufnahmen durch eigenen Auslöser, Einstellrad, Speichertaste und AF-Meßfeldtaste sowie einen getrennten Einschalter.

Sucherzubehör

Wer eine Brille trägt, weiß, wie schwierig die Handhabung einer Kamera werden kann, wenn man das Sucherbild nicht ganz oder nicht scharf sieht. Grundsätzlich gilt, daß Ihnen ein Reflexsucher keine Schwierigkeiten bereiten sollte, solange Sie auf eine Entfernung von 1 m ohne Sehhilfe scharf sehen, denn das Sucherokular der EOS 5 ist auf -1 dpt abgestimmt.

Für kurz- bzw. weitsichtige Brillenträger gibt es einen Trost: Augenkorrektionslinsen in Stärken von +3 bis -4 dpt sind zu dieser Kamera lieferbar. Sie werden auf das Sucherokular aufgesteckt. Allerdings vermögen diese Linsen keine auf Astigmatismus oder anderen Anomalien beruhenden Sehfehler auszugleichen. Auf jeden Fall empfiehlt sich vor dem Kauf einer Augenkorrektionslinse ein praktischer Versuch.

Für die Nahfotografie, Reproduktionen usw. wird man häufig auf automatische Scharfeinstellung verzichten, und in diesem Fall bewährt sich eine Einstellupe bzw. – bei Anbringung der Kamera an einem Reprogestell oder bei sehr tiefen Aufnahmestandpunkten – ein Winkelsucher, der den Einblick im rechten Winkel zum Sucherokular gestattet.In Ergänzung der serienmäßigen Einstellscheibe der EOS 5 sind fünf Zubehörscheiben erhältlich, die sich ohne Fummelei mit einem mitgelieferten Spezialwerkzeug durch das Kamerabajonett auswechseln lassen. Besonders interessant scheint die Gitterscheibe, die für weit mehr taugt als nur für Architektur- oder extreme Weitwinkelaufnahmen. Bisher von Canon nirgends abgebildet oder (wenn man von der falschen Stückzahl absieht) erwähnt ist eine Scheibe mit oberer und unterer Bildbegrenzung für Panorama-Aufnahmen – wobei diese Begrenzung allerdings nur Gestaltungshilfe sein kann, denn abschneiden müssen Sie den oberen und unteren Rand der Bilder schon selbst! Womit wohl alles gesagt wäre über die die Faszination des neuesten »Trends«, jene Vorspiegelung von »mehr« – ohne mehr.

Fünf der sechs für die EOS 5 verfügbaren Einstellscheiben: Serienmäßige Sucherscheibe, Einstellscheibe mit präziser Wiedergabe der AF-Sensoren, Gitterscheibe, Sucherscheibe mit Meßskalen und Vollmattscheibe.

Das Auslösekabel 60T3

Drahtauslöser haben bei den meisten elektronischen Kameras ausgedient. Sie lassen sich nicht mehr anschließen. Wenn Sie jedoch vom Stativ oder einem Reprogestell fotografieren, werden Sie bemüht sein, die Auslösung direkt an der Kamera zu vermeiden, um Verwacklungsunschärfe auszuschalten. Die EOS 5 besitzt hierfür einen Fernsteuerungsanschluß, der den Stecker eines Auslösekabels 60T3 aufnimmt. Wollen Sie ganz auf Distanz gehen, können Sie ein Verlängerungskabel 1000T3 zwischenschalten, mit dem sich die EOS aus einer Entfernung bis zu 10 m auslösen läßt.

Näher mit Nahlinsen

Wenn Sie dem Objektiv eine Brille aufsetzen – und als solche läßt sich eine Nahlinse etwa verstehen –, dann verringert sich plötzlich der mögliche Aufnahmeabstand. Canon liefert sogenannte Vorsatzachromate für die EOS mit dem gängigsten Durchmesser 52 mm. Dabei handelt es sich um besonders korrigierte, zweilinsige Systeme, die die Abbildungsleistung des Objektivs im Nahbereich verbessern. Und unter »Nahbereich« verstehen wir hier jene kurzen Aufnahmeabstände, für die ein normales Objektiv weder gerechnet, noch bestimmt ist. So liegt es auf der Hand, daß es ohne optische Hilfsmittel nicht mehr so leistungsfähig sein kann.

Vorsatz-Achromate vollbringen Erstaunliches. Sie dürfen nicht mit einfachen Vorsatzlinsen verwechselt werden, die im allgemeinen eine Abblendung auf 11 erfordern, um noch akzeptable Ergebnisse zu liefern. Die besonders korrigierten Achromate hingegen begnügen sich in der bildmäßigen Fotografie bereits mit Abblendung auf etwa 5,6. Dies kommt der Verschlußzeit zugute, die für Aufnahmen aus der Hand möglichst kurz sein sollte.

Die genannten Vorsatz-Achromate liefert Canon mit der Bezeichnung 240 und 450, wobei der erstere die stärkere Vergrößerung ergibt. Während das Normalobjektiv EF 1:1,8/50 mm bei seiner kürzesten Einstellentfernung einen Abbildungsmaßstab 1:6,6 ergibt, sind es mit der Nahlinse 450 bereits 1:4 und mit der Linse 240 gar 1:2,8. Beim Zoomobjektiv 28-80 mm betragen die Abbildungsmaßstäbe in Naheinstellung mit einer Linse 450 1:2,5, mit der Linse 240 bereits 1:1,75. Eine Kombination beider Linsen sollte an den EF-Objektiven vermieden werden, da sich das erhöhte Gewicht nachteilig auf den AF-Mechanismus auswirkt. Da die Nahlinsen dem Objektiv vorgeschaltet sind, führen sie zu keiner Verringerung der Lichtstärke, wie sie bei auszugsverlängerndem Zubehör unvermeidlich ist. Stets vor Augen halten sollten wir uns, daß wir für viele Zwecke eigentlich gar keine besonders starke Vergrößerung brauchen. Aus dieser Sicht sind die zuvor für die gebräuchlichsten Objektive zur EOS 5 genannten Maßstäbe

Rechte Seite:
Eine Nahlinse erschließt eine Vielfalt neuer, attraktiver Motive. Plötzlich hat die Kamera ein Brille auf, sieht Dinge in voller Schönheit, die wir normalerweise schlicht übersehen. Eine geschliffene Versteinerung wird zum Motiv. Dabei ist die Nahlinse das einfachste und unproblematischste Nahzubehör überhaupt. Sie läßt die Lichtstärke des Objektivs unangetastet, kann mit verschiedenen Objektiven desselben Filterdurchmessers verwendet werden und nimmt in der Universaltasche kaum Platz weg. Kodachrome 64.

bereits sehr beachtlich. Wenn wir von, zum Beispiel, »Abbildungsmaßstab 1:2,5« sprechen, so bedeutet dies, daß der Aufnahmegegenstand 2,5fach verkleinert aufgezeichnet wird – allerdings auf dem noch recht kleinen Bildformat 24 mm x 36 mm! Vergrößern Sie dieses Negativ nur auf Weltpostkarte, halten Sie bereits ein Abbild in den Händen, das die Größe des Originalgegenstands leicht übertrifft!

Der Objektivadapter FD-EOS

Er schlägt die Brücke zwischen Nahzubehör (und Objektiven) mit FD-Bajonett und dem EOS-Bajonett. Allerdings mit Einschränkungen. So sind nicht möglich: die automatische Scharfeinstellung und Fokussierung auf Unendlich. Mit anderen Worten, FD-Objektive lassen sich nur im Nahbereich einsetzen.

Ein Adapter gestattet die Verwendung gewissen FD-Zubehörs

Immerhin, der Adapter gestattet die Anpassung von FD-Nahzubehör – wie des Automatik-Balgengeräts und des Mikrofoto-Ansatzes – an die EOS 5.

Der Zwischenring EF 25

Dieser Zwischenring wird zwischen Objektiv und Kameragehäuse eingefügt und ergibt kürzere Einstellentfernungen und größere Abbildungsmaßstäbe als sie mit Nahlinsen möglich sind. Die erzielbaren Abbildungsmaßstäbe sind je nach Objektiv unterschiedlich. Der Zwischenring verlängert den Auszug um 25 mm und eignet sich für alle EF-Objektive, außer dem EF 1:2,8/15 mm, EF 1:1/50 mm L, EF 1:2,8/20-35 mm L (bei Brennweite 20 mm) und Objektiven ohne Möglichkeit der Abschaltung von AF. Bei Verwendung des Zwischenrings empfiehlt Canon manuelle Fokussierung.

Reproduktionen

Ob Sie nun eine Briefmarkensammlung fotografieren, alte Dokumente, Münzen oder ganz einfach Fotos, von denen die Negative verlorengingen – stets brauchen Sie, wenn Sie auf hohe Qualität Wert legen, ein Makro-Objektiv. Denn eine im wesentlichen zweidimensionale Vorlage macht den Schärfenabfall zu den Rändern, wie er sich bei einem normalen Objektiv nicht vermeiden läßt, unübersehbar.

Wichtige Voraussetzung ist die sichere Anbringung der Kamera, sei es auf einem Stativ oder einer Reprosäule. Müssen Sie mit einem Stativ vorliebnehmen, so empfiehlt es sich,

Ein Reproduktionsgestell wird zur Voraussetzung für Reproduktionen, die einen Mindestanspruch an Qualität erfüllen sollen.

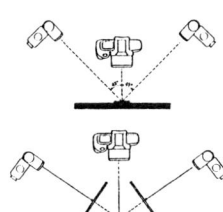

Für Reproduktionen bewährt sich die Anbringung von Leuchten im Winkel von 45° zu beiden Seiten der Vorlage. Beim Blitzen führen Streuschirme zu weicherer Ausleuchtung, wie sie insbesondere bei reliefartigen Objekten von Vorteil ist.

die parallele Ausrichtung von Kamera und Vorlage durch Auflegen eines Taschenspiegels in Bildmitte zu kontrollieren.

Gleich an nächster Stelle steht die Reprobeleuchtung. In der Nähe eines Fensters können Sie – vorzugsweise um die Mittagszeit – durchaus mit Tageslicht arbeiten, solange sich die Vorlage nicht im direkten Sonnenlicht befindet und nicht zu groß ist.

Für höhere Ansprüche empfiehlt sich die Verwendung von Halogen-Reprolampen oder Blitzleuchten, die in gleichem Abstand links und rechts von der Vorlage angebracht werden. Wird das Licht einer dieser Lampen nicht gedrosselt, ergibt sich schattenfreie Ausleuchtung. Bei Münzen und anderen kleinen Gegenständen bewährt sich zur Erzielung eines Reliefeffekts ein Leuchtstärkenverhältnis von etwa 1:2 zwischen rechter und linker Lampe.

Schließlich kommt noch ein Lichtzelt in Frage, wie man es gern für dokumentarische Nahaufnahmen verwendet. Es besteht aus weißem, dünnen Stoff und wird zur schattenfreien Ausleuchtung über das Objekt gestülpt. Oben blickt die Kamera durch eine kleine Öffnung auf den Aufnahmegegenstand. Das Zelt wird von außen möglichst gleichmäßig beleuchtet.

Das Automatik-Balgengerät von Novoflex

Im Rahmen des EOS-Systems wird ein systemkonformes Balgengerät bisher noch nicht von Canon angeboten. Doch was der mächtige Kamerahersteller Canon nicht zuwege bringt, hat ein vergleichsweise winziges deutsches Unternehmen inzwischen auf die Beine gestellt: ein echtes *Automatik*-Balgengerät mit Übertragung sämtlicher wichtigen Funktionen der EOS 5, nämlich der vollelektronischen Datenübertragung zwischen Kamera und Objektiv, der Belichtungsautomatik, automatischen Fokussierung usw. Dieses deutsche Unternehmen heißt Novoflex.

Noveflex-Balgengerät für die EOS

Das Novoflex-Balgengerät für die EOS hat eine feststehende Gehäusestandarte, die über einen Balgen mit der einstellbaren Objektivstandarte verbunden ist. Ein Einstellschlitten mit Stativbuchse gestattet die Fokussierung ohne Veränderung des Abbildungsmaßstabs. Ideal zur Kombination mit diesem Gerät sind natürlich die Makro-Objektive EF 1:2,5/50 mm und EF 1:2,8/100 mm. Wenngleich möglich, wird Autofokus bei Aufnahmen mit einem Balgengerät allerdings schnell uninteressant, denn die Fokussierung von Hand an einer beliebigen Stelle innerhalb des Bildfeldes verspricht im allgemeinen schnelleren Erfolg.

Aufnahme- und Effektfilter

Für ganz normale Aufnahmen im Familienkreis brauchen Sie kaum Filter. Doch schon wenn Sie in die Landschaft ziehen – und auch das gehört ja sicher zur »normalen«, allgemeinen Fotografie – sehen die Dinge schnell etwas anders aus. Draußen in der Natur, womöglich auf Bergeshöh' oder am blauen Meeresstrand, machen sich zwei Umstände bemerkbar, die den Einsatz von Filtern erforderlich machen können: 1. fotografieren Sie wahrscheinlich auch weiter entfernte Objekte, Fernsichten usw., bei denen sich die sprichwörtliche Bläue der Ferne dem Panorama recht unfotogen überlagert; und 2. treffen Sie in der freien Natur, insbesondere in großer

Nicht alles ist von der »Technik« abhängig. Auch die Natur kann höchst interessante »Farbfilter« liefern. Allein die Farbtemperatur des Tageslichts genügt, höchst unterschiedliche Ansichten – und Bilder – zu schaffen, wie die beiden nebenstehenden Aufnahmen zeigen.

*Rechte Seite:
Das Softar II im Vertrieb der Fa. Heliopan, Gräfelfing bei München, führt blendenunabhängig eine verträumte Weichzeichnung ein, die die Motive romantisiert. Allerdings verlangt Weichzeichnung generell reichlich Licht, denn nur dann kommt der Effekt voll zur Geltung.
Kodak Ektachrome*

Höhe und in Meeresnähe, auf wesentlich stärkere UV-Strahlung als in unserer abgasgeschwängerten Industrielandschaft.

»Dunstfilter«

Bei Farbaufnahmen ist es zunächst ein sogenanntes UV-Sperrfilter, das den lästigen UV-Strahlen den Zugang zum Film verwehrt. Diese nämlich erzeugen auf Farbfilm einen unangenehmen Blaustich und zudem leichte Unschärfen. Qualitativ hochwertige UV-Filter sind farblos, auch schlucken sie nicht merklich Licht, weshalb viele Fotografen diesen Filtertyp als Frontlinsenschutz ständig auf dem Objektiv belassen. Hiergegen ist im Prinzip nichts zu sagen, wenn man davon absieht, daß ein Filter stets zwei zusätzliche, reflektierende Flächen vor dem optischen System aufbaut und damit Reflexe und Bildschleier fördern kann. Wer es sehr genau nimmt, wird folglich jedes Filter nur gezielt einsetzen. Andererseits überwiegt sicher der Nutzen des Frontlinsenschutzes, wenn man oft unter erschwerten Verhältnissen fotografieren muß.

UV-Sperrfilter eignen sich als Frontlinsenschutz

Einen Schritt weiter geht das Skylight-Filter, bei dem es sich um ein leicht rötlich eingefärbtes UV-Filter handelt. Es wirkt dem Dunst stärker entgegen, erfordert jedoch ein wenig Vorsicht in der Anwendung: Sobald sich auffallend weiße Flächen im Vordergrund befinden, ist man ohne Skylight-Filter (d.h. nur mit einem UV-Sperrfilter) meist besser dran, denn sonst kommen diese weißen Flächen leicht »schmutzig«. Daraus geht bereits hervor, daß sich dieses Filter nicht als Frontlinsenschutz zum ständigen Verbleib auf dem Objektiv eignet.

Eine Einschränkung ist an dieser Stelle angebracht: Die Farbcharakteristik des verwendeten Films entscheidet darüber, ob Ihre Bilder eher »warm« oder »kalt« kommen. So hatte z.B. Kodak Ektachrome (ein Diafilm) in der Vergangenheit eine ausgesprochene Blautendenz, während Agfa-Diafilme eher wärmere Farben bringen. Bei Verwendung eines blaubetonten Films könnte sich eine ständige, leichte Farbkorrektur förderlich auswirken. Gegebenenfalls wird man in diesem speziellen Fall für Aufnahmen in UV-trächtiger Umgebung sogar zu einem Filter R3 greifen, das die doppelte Blaudämpfung eines Skylight-Filters bewirkt. (Ein Skylight-Filter gilt als »R 1,5«, wobei das »R« für rötlich steht.)

Ein Skylight-Filter kann einen »kalten« Film »aufwärmen«

Auch das Skylight-Filter schluckt übrigens kaum Licht. Generell können Sie davon ausgehen, daß die EOS bei Verwendung lichtschluckender Vorsätze keiner Belichtungskorrektur bedarf. Die Belichtungsautomatik richtet sich grundsätzlich nur nach jener Lichtmenge, die in der Filmebene (bzw. in der Ersatz-Meßebene in der Kamera) ankommt. Sie nimmt Ihnen deshalb alle Korrekturen ab.

Ein weiteres Mittel gibt es, das eine beträchtliche Dunstdurchdringung bewirkt: ein Polarisationsfilter, auf das wir noch getrennt zurückkommen werden.

Konversionsfilter

Konversionsfilter wenden sich mehr an berufliche Anwender

Ein solches Filter brauchen Sie nur, wenn Sie z.B. einen Tageslicht-Diafilm für Aufnahmen bei Kunstlicht »umstimmen« wollen oder einen Kunstlicht-Diafilm für Aufnahmen bei Tageslicht. Im ersteren Fall würde Kunstlicht einen rötlichen Farbstich erzeugen (der jedoch – und das ist wichtig – eigentlich nur in der absolut »objektiven« Sachfotografie stört). Im letzteren ergäbe sich ein sehr unangenehmer Blaustich, so daß hier ein Konversionsfilter für den Hobbyfotografen noch am ehesten in Frage kommt, sobald er den Rest eines Kunstlichtfilms bei Tageslicht aufbrauchen möchte. Zur Umstimmung von Tageslichtfilm auf Kunstlicht brauchen Sie ein Filter B (= bläulich) 12, für den Einsatz von Kunstlichtfilm bei Tageslicht ein Filter R (= rötlich) 12. Jedes dieser Filter schluckt eine Blende Licht.

Bei Negativfarbfilm brauchen Sie im Prinzip keine Konversionsfilter, denn dieser wird bei der Vergrößerung sowieso farbgefiltert, so daß die Unterschiede keine Rolle spielen. (Sofern das Labor auf Draht ist. Bei automatischen Printer-Vergrößerungen – heute die Regel – wird dieser Unterschied nicht mehr berücksichtigt, so daß sich ähnliche Verhältnisse ergeben wie in der Diafotografie.)

Blitzlicht hat die gleiche »Farbtemperatur« wie mittleres Tageslicht und erfordert grundsätzlich keine Korrektur.

Graufilter

Graufilter dienen auch gestalterischen Zwekken

Was machen Sie mit »zuviel Licht«? Sicher, Sie können versuchen, es zunächst mit der kürzesten Verschlußzeit (1/8000 s) zu zügeln. Doch bei Verwendung hochempfindlichen Films stoßen Sie gegebenenfalls auch hiermit an eine Grenze. Zudem ergibt sich gelegentlich die Notwendigkeit, längere Zeiten zu erzwingen, vielleicht um fließendes Wasser mit malerischer Unschärfe (und natürlich vom Stativ) darzustellen, oder einfach, um einen hochempfindlichen Film, den man von vorhergehenden Aufnahmen noch in der Kamera hat, bei gutem Licht aufzubrauchen, ohne daß man sich der foto-

grafischen Gestaltungsmöglichkeiten – Zeit und Blende – begibt.

Hier springen Graufilter ein, die zu einem wichtigen Hilfsmittel zur Steuerung der fotografischen Grundelemente für den kreativen Fotografen werden. Erhältlich sind sie mit der Bezeichnung »ND« (für »Neutral Density«) in verschiedenen Stärken. Ein Filter ND4x schluckt zwei Blendenstufen Licht.

Polarisationsfilter

In der fotografischen Umgangssprache nennt man sie kurz »Polfilter«. Für die EOS 5 brauchen Sie – wie bei allen modernen AF-Kameras – ein ZIRKULAR-Polfilter und können keines der einfacheren Linear-Polfilter verwenden.

Ein Polfilter ist überaus nützlich

Doch brauchen Sie überhaupt ein Polfilter? Sobald Sie die Fotografie ein wenig ernsthafter betreiben, als nur die Familie in regelmäßigen Abständen fürs Album festzuhalten, beginnt sich ein Polfilter vielfach auszuzahlen. Wenn Sie allein an den Urlaub denken, vielleicht eine Entdeckungsreise durch ein neues, unbekanntes Land, dann wird das Polfilter schon fast zum Muß.

Warum, was macht es so besonders? Nun, es ist das einzige Filter, das in der Farbfotografie eine Anhebung der Farbsättigung gestattet. Dieses Kunststück bewerkstelligt es durch Beseitigung jenes Grauschleiers, der auf allen Dingen in der Natur liegt. Fast möchte man diesmal mit der Waschmittelreklame sprechen: »Zwingt Grau raus, zwingt Farbe rein«. Möglich wird dies, weil auf allen Dingen in der Natur polarisiertes Licht liegt, das die Eigenfarben kaschiert, sich jedoch mit einem Polfilter – je nach Aufnahmewinkel – »wegblasen« läßt. Und damit werden Sie zum Magier. Der Dunst weicht, der Himmel dunkelt nach, die Wolken schweben ungemein fotogen auf diesem blauen Himmel, das Glitzern von Wasserflächen wird gedämpft – die Kontraste insgesamt werden eingeebnet, was dem Film zugutekommt, der uns nun ein ausgewogeneres Bild bescheren kann. Die Eigenfarben der Objekte werden angehoben – kurz, ein Polfilter kann Ihre Farbaufnahmen aufpolieren wie kein zweites fotografisches Hilfsmittel.

Linke Seite:
Ein Polfilter kann die Farbsättigung ungemein bildwirksam anheben, unter Umständen sogar übersteigern, indem es den auf allen Dingen in der Natur liegenden Grauschleier wegwischt. Seine volle Wirkung entfaltet es im rechten Winkel zur Sonne. Die Eigenfarben der Objekte werden offenbar, der Himmel dunkelt nach, weiße Wolken schweben als Wattebäusche darauf. Kodachrome 64.

Und worauf müssen Sie achten? Zunächst verstehen wir uns wohl recht, daß auch das Polfilter nicht zum ständigen Verbleib auf dem Objektiv geeignet ist. Im Gegenteil, mehr als alle anderen ist es ein Spezialfilter, dessen Anwendung man wohldosieren und ja nicht verallgemeinern sollte.

Zum zweiten ist das Polfilter ausgesprochen richtungsabhängig. Seine stärkste Wirkung entfaltet es in der Landschaft im rechten Winkel zur Sonne. Mit Rücken- oder Gegenlicht bleibt es praktisch wirkungslos.

Ach ja – die Schulmeinung schreibt dem Polfilter primär zu, daß es Spiegelungen auf nichtmetallischen Objekten zu beseitigen oder zumindest mildern vermag. Doch in der Praxis der Hobbyfotografie ist dies nur ein interessanter Nebeneffekt, der gelegentlich als Zugabe zum Tragen kommt.

Polfilter beseitigen auch Spiegelungen auf nichtmetallischen Flächen

So, und nun noch ein wenig Grundwissen: Das Polfilter ist drehbar in seiner Fassung angeordnet, und Sie können seine Wirkung auch direkt vor dem Auge beurteilen: Halten Sie das hintere Fassungsteil fest und drehen Sie das vordere.

Auf dem Objektiv erfolgt die Einstellung durch Drehen des Vorderteils. Der Filtereffekt läßt sich im Sucher recht genau beurteilen. Volle Nutzung des Effekts führt in manchen Stimmungen – und insbesondere in größeren Höhen – bereits zur Überfilterung; die Farben werden giftig. Dosieren Sie den Effekt deshalb ein wenig sparsam.

Da die Einstellung durch Drehen erfolgt, macht ein Wechsel von Quer- auf Hochformat natürlich Neueinstellung erforderlich. Ebenso ist darauf zu achten, daß das Polfilter bei Objektiven, bei denen es sich bei der Fokussierung mitdreht, erst nach der Scharfeinstellung eingestellt werden darf. Probleme ergeben sich unter Umständen mit Objektiven, bei denen das Vorderglied bei der Brennweitenverstellung und/oder Fokussierung in den Tubus eintaucht – dann stößt ein normales Polfilter mit seiner etwas überbauten Fassung an und blockiert das Objektiv. Canon-Polfilter sind deshalb besonders schlank gebaut.

Wechsel von Quer- auf Hochformat erfordert Neueinstellung!

Kontrastfilter für die Schwarzweißfotografie

Während alle vorgenannten Filter sowohl für Farbe als auch für Schwarzweiß tauglich sind, eignen sich die nun folgenden ausschließlich für Schwarzweiß.

Gelbfilter sind die wohl gebräuchlichsten, denn sie sorgen für eine Himmelswiedergabe, die annähernd dem Augeneindruck entspricht. Ohne Filterung kommt der Himmel im Schwarzweißbild viel zu hell. Auch die Dunstdurchdringung wird durch ein Gelbfilter verbessert. Je nach Stärke schluckt ein Gelbfilter im allgemeinen eine halbe bis eine Blende Licht.

Gelbfilter sind die wichtigsten Kontrastfilter für die Schwarzweißfotografie

Grünfilter absorbieren Rot und Blau und lassen Grün und Gelb passieren. Bei Verwendung von panchromatischem Film ergibt sich kein Lichtverlust.

Orangefilter führen zu einer betont dunklen Wiedergabe des Himmels und des Pflanzengrüns. Die beträchtliche Anhebung des Kontrasts wirkt sich günstig auf Fernaufnahmen aus und ergibt bereits deutliche Effektaufnahmen.

Rotfilter lassen nur noch Rot passieren, so daß blauer Himmel oft fast schwarz wiedergegeben wird. Wolken werden dramatisch betont. Schon eine harmlose Wolkenstimmung wird so zum drohenden Gewitter. Bei einem Rotfilter empfiehlt sich die Eingabe eines Korrekturfaktors +1, um der Gefahr einer Unterbelichtung durch die enorme Kontrastanhebung zu begegnen.

Rotfilter ergeben dramatische Stimmungen

Effektvorsätze

Schon fast unübersichtlich ist das Angebot an Tricklinsen und Objektivvorsätzen, die etwas Besonderes aus Ihren Bildern machen sollen. Dabei steht der Aufwand durchaus nicht immer im rechten Verhältnis zum Nutzen, denn Effekte sind wie Gewürze: Eine Prise verfeinert den Brei, eine Handvoll verdirbt ihn.

Und damit wären wir schon bei der in diesem Zusammenhang wichtigsten Überlegung überhaupt: Welche Vorsätze könnten sich für Ihre Art der Fotografie rentieren? Zu oft nämlich folgt einem begeisterten Kauf die Verbannung des Zubehörs in die Schublade – auf nimmerwiedersehen. So wollen wir uns die wichtigsten der Effektvorsätze unter diesem Aspekt anschauen.

Am populärsten sind wahrscheinlich **Weichzeichnervorsätze**, die es in den verschiedensten Ausführungen gibt. Canon selbst liefert seine Softmat-Vorsätze. Andere Hersteller, wie zum Beispiel die Fa. Heliopan in Gräfelfing bei München, bieten verschiedene Lösungen an: Von der relativ einfachen Duto-Linse bis zum Zeiss-Softar. Bei der Duto-Linse wird die Weichzeichnung durch eine spiralförmige Rille im Glas erzeugt und ist blendenabhängig. Das Softar hingegen zeichnet sich durch gleichmäßige Weichzeichnung unabhängig von der Arbeitsblende aus. Möglich wird dies durch eine Art »Mini-Linsen«, die über die gesamte Fläche verteilt sind. Der mit einem Softar erzielbare Weichzeichnungseffekt ist sehr ansprechend. Beim Umgang mit Softaren ist allerdings Vorsicht geboten, denn sie bestehen aus Kunststoff und sind deshalb kratzempfindlich. (Wobei Kratzer im Sinne der Weichzeichnung kein Beinbruch wären.)

Das Softar ist blendenunabhängig

Es ist übrigens erstaunlich, wie lange Autofokus mitspielt: Sie können AF getrost eingeschaltet lassen; alles funktioniert wie gewohnt. Selbst ein vorgesetztes Nebelfilter vermag AF nicht aus der Ruhe zu bringen!

Weichzeichnung lebt vom Licht. Ohne kräftige Kontraste wirkt ein weichgezeichnetes Bild schnell flau und uninteressant. Trübe Tage sind deshalb kaum für diese Art der Fotografie geeignet – es sei denn, Sie würden selbst für ausreichende Beleuchtung sorgen. Gegenlicht ist eine für Weichzeichnung bevorzugte Lichtrichtung, die das Motiv mit wirkungsvollen Lichtsäumen umgibt.

Oft noch eindrucksvoller als die Weichzeichnung des gesamten Bildes ist partielle Weichzeichnung, wie sie sich mit einer **Punktlinse** oder »Traumlinse« ergibt. Hier konzentriert sich das Motiv auf die Bildmitte, die Umgebung wird in zunehmende Weichzeichnung aufgelöst und schließlich völlig neutralisiert. Auch im Zentrum überlagert sich dem scharfen Kern eine zarte Weichzeichnung.

Die Punktlinse mag als Nahlinse mit Planglaszentrum beschrieben werden. Ihre Wirkung ist stark brennweitenabhängig, so daß ein Zoomobjektiv eigentlich zur Voraussetzung wird. Bis etwa 70 mm ist sie kaum einsetzbar, weil der weite Bildwinkel zu viel vom Nahlinsenbereich erfaßt. Etwa bei der »Porträtbrennweite« jedoch wird die Sache interessant – sehr interessant sogar. Voraussetzungen sind reichlich Licht, Reflexe und einigermaßen nahe Motive. Für Fernmotive ist die Punktlinse nur bedingt bis gar nicht geeignet.

Die Punktlinse ist eine Nahlinse mit Planglaszentrum

Durch Veränderung der Brennweite läßt sich eine Vielfalt von Effekten erzielen. Zusätzlich hat auch die Arbeitsblende Einfluß auf die Bildwirkung. Hier wird die Fotografie wirklich kreativ, hier können Sie nach Herzenslust verfremden, Motive isolieren und Effekte variieren. Der Reflexsucher der EOS wird zum Gestaltungszentrum. Autofokus funktioniert wie gewohnt. Als Belichtungsprogramm empfiehlt sich Zeitautomatik (Av). Und Abblendung zur Kontrolle der Bildwirkung bei Arbeitsblende wird in der EOS 5 zum Kinderspiel.

Softar und Heliopan-Punktlinse versprechen den größten Erfolg, wenn Sie an dieser Art von Effektfotografie Gefallen finden. Weit geringer sind die Einsatzmöglichkeiten, zum Beispiel, eines **Sand-Spot-Filters**, eines Sterneffektfilters, einer Teilbildlinse oder eines Nebelfilters. Das erstere besteht aus einem klaren Mittensegment, umgeben von einer mattierten Fläche. Seine Wirkung ähnelt jener einer Punktlinse, reicht jedoch bei weitem nicht an die Brillanz und Aussagekraft eines Punktlinsenbildes heran. Auch dieses Filter ist sehr stark brennweiten- und blendenabhängig, und die für die Punktlinse gemachten Angaben sind übertragbar.

Ein Sand-Spot-Filter ist nicht so vielseitig einsetzbar

Das **Sterneffektfilter**, auf Neuhochdeutsch auch »Cross-Filter«, führt durch seine über die gesamte Fläche laufende Kreuzgitterstruktur generell eine leichte Weichzeichnung ein, die jedoch durch kleine Blenden – und die ergeben sich bei den Anwendungen dieses Filters meist automatisch – gemildert wird. Interessant ist es ausschließlich bei Motiven, in denen starke Lichtquellen oder Reflexe vorhanden sind. Dies können die Sonne, Lampen oder Lichter- bzw. Sonnenreflexe auf Wasserflächen, spiegelnden Lackflächen usw. sein. Alle diese punktförmigen »Lichter« werfen dann Strahlen ins Bild – wieviele, hängt vom Filtertyp ab. So können Sie jedes Licht im Bild mit vier, sechs oder auch acht Strahlen versehen. Wenig ansprechend wirkt dies allerdings, wenn der Lichter zu viele werden. Auch dieser Effekt will in sparsamen Dosen genossen werden – und das gilt nicht nur für die Anzahl der Lichter, sondern für den Einsatz des Filters generell.

Zu viele Lichtquellen können ein Sterneffektbild verderben

Ein **Nebelfilter** schafft eine künstliche Dunststimmung, bei der Sie jedoch des Guten nicht zuviel tun sollten. Zu helles Sonnenlicht kann den »Nebel« unglaubwürdig machen. Auch dieses Filter hat nur begrenzte Anwendung.

Ganz im Gegensatz dazu sind graue **Verlauffilter** ausgesprochen vielseitig. Während Cokin-Verlauffilter eine recht harte Filterkante haben, liefert sie Heliopan mit allmählichem Dichteverlauf (und als ordentliche Glasscheiben, die nicht so kratzempfindlich sind wie die Cokin-Filter aus Kunststoff). Ein solches Filter ist hervorragend geeignet, zum Beispiel den meist viel zu hellen Himmel so weit zurückzuhalten, daß der Film bzw. das Vergrößerungspapier den Kontrast noch bewältigen kann. Damit läßt sich sogar die Sonne direkt ins Bild einbeziehen – sie wird als breiter Stern kommen.

Graue Verlauffilter bewähren sich in der Landschaft

»Für das breite Publikum« werden Verlauffilter in einem Halter an das Objektiv angesetzt, in dem sie beliebig verschoben werden können. Auf diese Weise läßt sich die Lichtdämpfung über beliebige Teile des Bildes verteilen, höher oder tiefer ansetzen. Mir ist das einfach zu umständlich, für jede Verlauffilteraufnahme den Adapter aufs Objektiv zu schrauben. Also lege ich den Streifen einfach mit der linken Hand flach an die Objektivfassung an. Das geht schneller und ist praktischer, wenngleich man natürlich mit einer Hand fotografieren muß.

Die Belichtungsautomatik der EOS können Sie bei Aufnahmen mit Verlauffiltern nur teilweise nutzen: Neigen Sie die Kamera etwas nach unten, so daß der (mit dem Filter zurückzuhaltende) Himmel vom Ausschnitt nicht erfaßt, nur der Vordergrund angemessen wird. Lesen Sie die Datenanzeige im Sucher ab, schalten Sie auf »M« und stellen Sie die abgelesene Blende und Verschlußzeit von Hand ein. Nur so ist sichergestellt, daß die Automatik nicht den durch das Filter entstehenden »Lichtverlust« auszugleichen versucht und den Effekt damit zunichte macht.

Effektvorsätze gibt's wie Sand am Meer...

Eine Vielzahl weiterer Effektvorsätze gibt es, die Sie eine ganze Weile beschäftigen werden. Sie alle zu erwähnen, würde zu weit gehen, zumal die verschiedenen Hersteller eigene Ideen und Verfahren einbringen, so daß sich unzählige Spielarten ergeben.

Sachwortverzeichnis